Dr. Martin Meyer

Mit dem CASIO fx-9860GII & GIII zum Abitur

Prüfungsrelevante Anwendungsaufgaben Schritt für Schritt gelöst

Inhaltsverzeichnis

Vorwort

Liebe Leserin, lieber Leser,
herzlichen Glückwunsch zum Erwerb dieses Buches! Es basiert zu großen Teilen auf dem Erfolgskonzept des Titels „Mit dem CASIO fx-991 ES zum Abitur". Und da es sich beim CASIO fx-9860GII um einen Grafikrechner mit umfangreichen Funktionen handelt, musste diese Konzeption selbstverständlich weiterentwickelt werden.
Geblieben ist natürlich die bewährte Strategie, nach der ich für jede Teilaufgabe konkrete Handlungsanweisungen in Form einer Tabelle gebe. Hier erläutere ich in der ersten Spalte die genaue Vorgehensweise. In der zweiten Spalte sehen Sie genau, welche Tasteneingaben nötig sind. In der dritten Spalte sehen Sie das Resultat Ihrer Eingabe in Form einer Kopie der Taschenrechneranzeige. Zusätzlich fasse ich nach jeder Handlungsanweisung deren Ergebnis noch einmal kurz zusammen. Schließlich formuliere ich für jede Teilaufgabe einen Antwortsatz.
Diese einzelnen Elemente sind auch grafisch leicht zu erkennen:
Aufgabenstellungen und Antwortsätze sind immer grau hinterlegt.
Für die Beschreibung der Lösungsstrategie, die Handlungsanweisungen, die mathematischen Herleitungen und wichtige Hinweise verwende ich folgende Icons:

Icon	Bedeutung
	Lösungsstrategie
	Handlungsanweisung
	Mathematische Herleitung
⚠	Hinweis

Neu ist, dass der Taschenrechner fx-9860GII über Menüs gesteuert werden kann. Diese neue, benutzerfreundliche Bedienungsmöglichkeit hat zur Folge, dass auch die Erläuterungen in diesem Taschenrechnerbuch angepasst werden müssen: Wenn zur Lösung der Aufgabe Menüs verwendet werden, finden Sie zusätzlich zur Tastfolge, welche sich in der zweiten Spalte befindet, die genaue Reihenfolge der einzelnen Menüpunkte in der ersten Spalte und zwar genauso, wie Sie diese auf Ihrem Rechner vorfinden.
Bei der Durchsicht anderer Publikationen zu diesem Taschenrechner ist mir aufgefallen, dass es immer Darstellungsschwierigkeiten gibt, wenn eine Taste mit Mehrfachbelegung aufgerufen werden soll. Um beispielsweise ein „A" einzugeben, nennen einige Autoren nur die Tastfolge ALPHA X,θ,T. Dies hat den Vorteil, dass Sie die zu drückende Taste schnell finden, aber den Nachteil, dass Sie aufgrund der Angabe der Taste „X,θ,T" nicht wissen, dass es sich hierbei um ein „A" handelt. Andere Autoren geben nur an, dass Sie ein „A" eingeben sollen, wobei Sie sich dann auf die Suche nach der korrekten Tastenfolge machen müssen.

Ich habe diese Problematik ganz einfach gelöst, indem ich immer dann, wenn Sie eine Alternativbelegung einer Taste aktivieren möchten, diese etwas kleiner, so wie auch auf Ihrem Rechner darstellt, mit abbilde. So sieht in diesem Buch die Aufforderung ein „A“ einzugeben folgendermaßen aus: ALPHA X,θ,T.

Weiterhin finden Sie exklusiv in diesem Buch im ersten Kapitel eine kurze Darstellung der Tabellenkalkulation S•SHT (S•SHT) und im letzten Kapitel eine allgemein verständliche Erläuterung zum t-Test der Inferenzstatistik.

Schließlich verwende ich in diesem Buch ausschließlich den Modus für die natürliche Darstellung Ihrer Eingaben, sodass Brüche, Quadratwurzeln und andere nummerische Ausdrücke so angezeigt werden, als wenn Sie diese auf einem Blatt Papier aufzeichnen würden. Schließlich verwende ich nur die deutsche Benutzeroberfläche, sodass Sie, falls der Taschenrechner dies unterstützt, die Rückmeldungen in deutscher Sprache erhalten.

Das grundlegende lernpsychologische Konzept ist selbstverständlich erhalten geblieben:

Zum lernpsychologischen Konzept

Die Konzeption dieses Buches beruht auf zwei wichtigen lernpsychologischen Erkenntnissen:

Sie lernen nicht automatisch alle einzelnen Details, die Sie wahrnehmen, sondern nur „das, was positive Konsequenzen hat.“[1]

Wenn Sie etwas lernen, lernen Sie nicht nur die puren Fakten allein, sondern prägen sich zusätzlich und wie von selbst auch immer das Drumherum, sprich den Kontext, mit ein.

Beim Durcharbeiten dieses Buches werden Sie zwangsläufig Erfolg haben, denn das Lösen der exemplarisch ausgewählten Aufgaben wird Schritt für Schritt dargestellt und gut nachvollziehbar erklärt.

Sie erhalten für jede Teilaufgabe nicht nur eine detaillierte Beschreibung der Vorgehensweise, sondern noch zusätzlich eine exakte Angabe der nötigen Tasteneingaben und ein Bild, welches die Anzeige des Taschenrechners nach der Eingabe darstellt. Sie können hierdurch immer sofort kontrollieren, ob Sie alles richtig gemacht haben, und gelangen auf diese Weise von einem Erfolgserlebnis zum nächsten.

Die Aufgaben, die in diesem Buch behandelt werden, sind exemplarisch für eine ganze Aufgabenklasse, d. h., wenn Sie einmal ein Problem mit dem Taschenrechner gelöst haben, wird es Ihnen leicht gelingen, dieselbe Strategie bei einem ähnlichen Problem anzuwenden. Einige dieser Aufgaben dienen darüber hinaus als Anlass, bestimmte Grundbegriffe der Oberstufenmathematik zu wiederholen und durch die Verwendung des Taschenrechners besser verständlich zu machen.

Weiterhin spielt auch die zweite grundlegende Erkenntnis der Lernpsychologie eine wichtige Rolle: Sie erlernen die Benutzung des Taschenrechners, indem Sie selbst abiturrelevante Aufgaben lösen. Sie können also die Möglichkeiten, die Ihnen der Taschenrechner bietet, direkt mit konkreten Anwendungsszenarien verbinden. Sie lernen somit die einzelnen Taschenrechnerfunktionen nicht „auf Vorrat“, sondern nur diejenigen, die Sie zur Lösung einer bestimmten Aufgabe benötigen. Hierdurch lernen Sie nicht nur die pure Taschenrechnerbedienung, sondern wissen auch, und zwar ganz automatisch, in welchen Situationen sich die Anwendung welcher Funktion lohnt.

Schließlich sind die Aufgaben so ausgewählt, dass Sie nach dem Durcharbeiten dieses Buches alle wichtigen, schulrelevanten Funktionen des Rechners kennengelernt haben.

1. Spitzer, Manfred: Lernen. Gehirnforschung und die Schule des Lebens. München 2007, S. 177

Zur inhaltlichen Struktur

Der Hauptteil dieses Buches untergliedert sich in zehn Kapitel, wobei in jedem Kapitel eine typische Aufgabe gelöst wird. In jedem Kapitel stelle ich Ihnen zunächst die Aufgabenstellung vor und beschreibe, mit welcher Strategie diese Aufgabe gelöst werden kann. Ein weiteres Highlight ist das Inhaltsverzeichnis, das jedem Kapitel voransteht. Hier wird nämlich der Inhalt eines jeden Kapitels zum einen aus der Sicht der Aufgabenstellung und zum anderen aus der Perspektive der Rechnerbedienung dargestellt. Dies hat wiederum den oben beschriebenen zweiten Effekt der Lernpsychologie: Sie lernen zwei Dinge gleichzeitig: erstens das Lösen einer bestimmten Aufgabenklasse und zweitens die Bedienung des Taschenrechners.
Schließlich danke ich allen Menschen, die dazu beigetragen haben, dass dieses Buch jetzt vor Ihnen liegt. Besonders danken möchte ich an dieser Stelle meinem Lektor Gerald Koboldt. Nun wünsche ich Ihnen viel Erfolg und Freude mit diesem Buch und Ihrem Taschenrechner.

Welver, im Juli 2013 Dr. Martin Meyer

Bevor es losgeht

Der CASIO fx-9860GII ist ein leistungsfähiger Rechner mit vielfältigen Funktionen. Ich zeige Ihnen Schritt für Schritt die wichtigsten Funktionen, die Sie zum Lösen von Abituraufgaben benötigen. Ich verwende hierbei zum besseren Verständnis den „Math-Ein-/Ausgabemodus" und die deutsche Anzeigesprache.
Zunächst ist es wichtig, dass sich der Rechner im „Auslieferungszustand" befindet, d. h. alle Änderungen, die Sie möglicherweise schon vorgenommen haben, müssen rückgängig gemacht werden, damit Sie diesem Buch folgen können.

Rücksetzen des Rechners in den Auslieferungszustand

Auslieferungs-zustand

	Eingabe	Anzeige
Rufen Sie mit MENU das Hauptmenü auf:	MENU	MAIN MENU RUN-MAT STAT e-ACT S-SHT GRAPH DYNA TABLE RECUR CONICS EQUA PRGM TVM
Wählen Sie dort mit 3 mal ▽ und 3 mal ▷ das SYSTEM-Menü aus.	3 mal ▽ 3 mal ▷	MAIN MENU GRAPH DYNA TABLE RECUR CONICS EQUA PRGM TVM E-CON2 LINK MEMORY SYSTEM
Und bestätigen Sie die Auswahl mit EXE.	EXE	System Manager F1:Contrast F2:Power Properties F3:Language F4:Version F5:Reset LANG VER RSET
Wählen nun mit F5 Reset.	F5	***** RESET ***** F1:Setup Data F2:Main Memories F3:Add-In F4:Storage Memories F5:Add-In&Storage F6:Next Page STUP MAIN ADD SMEM A&S ▷
Wählen Sie mit F6 ▷ die zweite Seite des Menüs aus.	F6	***** RESET ***** F1:Main&Storage F2:Initialize All F3:SD Card F6:Next Page M&S ALL SD ▷
Mit F2 (ALL) löschen Sie alle Speicherin-halte.	F2	Reset OK? Initialize All Yes:[F1] No :[F6]
Bestätigen Sie diese Aktion mit F1.	F1	Delete Add-ins? (Add-ins are after SYSTEM on MAIN MENU.) Yes:[F1] No :[F6]
Es kann sein, dass auch dieser Bildschirm erscheint (muss aber nicht). Bestätigen Sie ggfs. hier auch mit F1.	(F1)	Reset! Initialize All Press:[EXIT]

	Eingabe	Anzeige
Drücken Sie nun EXIT und Sie gelangen wieder in das Hauptmenü.	EXIT	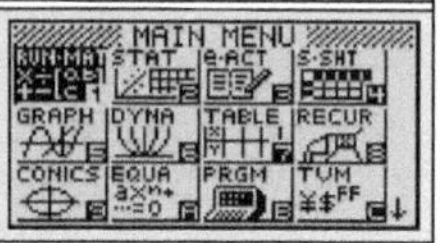 MAIN MENU RUN-MAT STAT e-ACT S-SHT GRAPH DYNA TABLE RECUR CONICS EQUA PRGM TVM

Der Rechner wurde in den Auslieferungszustand zurückgesetzt. Sie sehen das Hauptmenü.

Nun muss nur noch die Anzeige auf die deutsche Sprache umgestellt werden.

Ändern der Anzeige auf die deutsche Sprache

	Eingabe	Anzeige
Rufen Sie mit MENU das Hauptmenü auf:	MENU	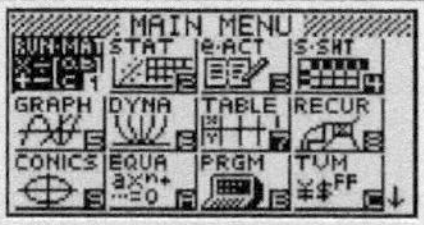 MAIN MENU RUN-MAT STAT e-ACT S-SHT GRAPH DYNA TABLE RECUR CONICS EQUA PRGM TVM
Wählen Sie dort mit 3 mal ▽ und 3 mal ▷ das SYSTEM -Menü aus.	3 mal ▽ 3 mal ▷	 MAIN MENU GRAPH DYNA TABLE RECUR CONICS EQUA PRGM TVM E-CON2 LINK MEMORY SYSTEM
Und bestätigen Sie die Auswahl mit EXE.	EXE	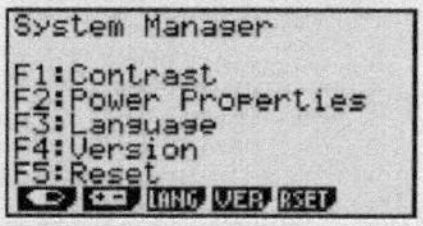 System Manager F1:Contrast F2:Power Properties F3:Language F4:Version F5:Reset
Wählen nun mit F3 die Spracheinstellungen (LANG).	F3	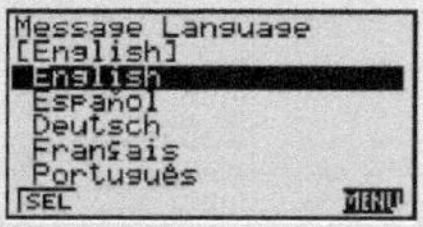 Message Language [English] English Español Deutsch Français Português SEL MENU
Wählen Sie mit ▽ ▽ die Sprache „Deutsch" und bestätigen Sie mit EXE.	▽ ▽ EXE	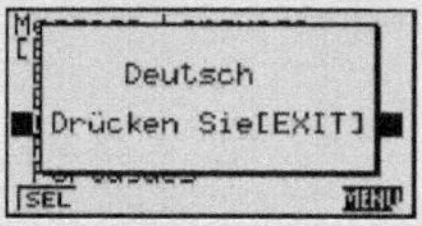 Deutsch Drücken Sie[EXIT] SEL MENU
Drücken Sie nun EXIT.	EXIT	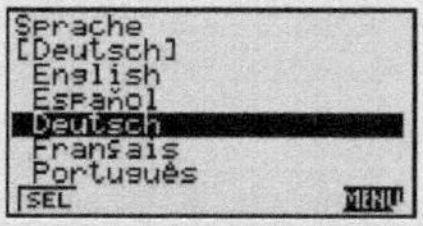 Sprache [Deutsch] English Español Deutsch Français Português SEL MENU
Mit der Taste MENU gelangen Sie wieder ins Hauptmenü.	MENU	 MAIN MENU GRAPH DYNA TABLE RECUR CONICS EQUA PRGM TVM E-CON2 LINK MEMORY SYSTEM

Sie haben die deutsche Sprache als Anzeigesprache gewählt.

Der Rechner ist nun bereit und Sie können mit dem ersten Kapitel „Berechnen von PKW-Kosten" beginnen.

Kapitel 1

Berechnen von PKW-Kosten

Einfaches Rechnen in RUN-MAT

Berechnen von PKW-Kosten[1]

Ein PKW hat einen durchschnittlichen Kraftstoffverbrauch von 7,5 l Benzin je 100 km. Ein Liter Benzin kostet zurzeit € 1,70. Pro Monat wird eine durchschnittliche Fahrstrecke von 1 400 km zurückgelegt. Die Kraftfahrzeugsteuer für das Fahrzeug beträgt jährlich € 150,--, die Haftpflichtversicherungsprämie halbjährlich € 425,--. An Reparatur- und Wartungskosten sind pro Jahr mit € 185,-- zu rechnen. Darüber hinaus sind noch die anteilmäßigen Kosten für vier neue Reifen (pro Stück € 35,--) zu berücksichtigen.

Aufgabenstellung:

a) Berechnen Sie die sich aus dieser Kalkulation ergebenden jährlichen Gesamtkosten!

b) Wie hoch sind die durchschnittlichen Kosten pro 100 Kilometer?

c) Wie weit könnten Sie nach dieser Berechnung mit € 1 000,-- fahren?

d) Nach einer gründlichen Inspektion des Fahrzeugs reduziert sich der durchschnittliche Benzinverbrauch pro 100 km um 5 %. Wie hoch sind nun die jährlichen Kosten?

e) Um welchen Betrag verringern sich dadurch bei gleicher Fahrstrecke und einem unveränderten Benzinpreis die monatlichen Kraftstoffkosten?

Lösungsstrategie

a) Sie berechnen die jährlichen Kosten, indem Sie die im Text genannten Beträge aufsummieren.

$$\frac{7,5}{100} \cdot 1,7 \cdot 1400 \cdot 12 + 150 + 425 \cdot 2 + 185 + 4 \cdot 35$$

b) Die durchschnittlichen Kosten pro Kilometer ergeben sich durch eine Division der jährlichen Kosten durch die durchschnittliche Fahrstrecke von 1 400 km multipliziert mit 12. Die Kosten pro 100 km ergeben sich durch eine Multiplikation mit 100.

c) Die gesuchte Weglänge lässt sich berechnen, indem man 1 000 durch die durchschnittlichen Kosten pro Kilometer dividiert.

d) Die durch den reduzierten Benzinverbrauch entstehenden Kosten ergeben sich durch eine Multiplikation der Benzinkosten mit dem Faktor 0,95.

e) Die Differenz zwischen den „alten“ und „neuen“ Kosten ergibt sich aus der Subtraktion der „neuen“ Kosten von den „alten“ und einer Division durch 12.

1. Diese Aufgabenstellung basiert auf einem Teil einer Abschlussklausur im Bereich der Abendrealschule.

a) Berechnung der jährlichen Kosten

Eingabe von Brüchen

Brüche

	Eingabe	Anzeige
Da Sie den Rechner gerade zurückgesetzt haben, befinden Sie sich im Hauptmenü. Sollte das nicht der Fall sein, drücken Sie die MENU-Taste.	MENU	MAIN MENU: GRAPH, DYNA, TABLE, RECUR, CONICS, EQUA, PRGM, TVM, E-CON2, LINK, MEMORY, SYSTEM
Wählen Sie nun mit 1 das RUN-MAT-Menü aus. Sie können jeden Menüpunkt aus dem Hauptmenü auch mit der sich rechts unten befindlichen Zahl oder dem sich dort befindenden Buchstaben auswählen.	1	JUMP DEL ▸MAT MATH
Zunächst geben Sie den Bruch $\frac{7,5}{100} \cdot 1,7$ ein. Mit dem fx-9860GII können Sie den Bruch so eingeben, wie Sie ihn lesen, also erst den Zähler, dann den Bruchstrich und dann den Nenner. Für das deutsche Dezimalkomma müssen Sie (trotz der deutschen Spracheinstellung) den international üblichen Dezimalpunkt eingeben.	7 . 5 a b/c 1 0 0 ▶ × 1 . 7	7.5/100×1.7 JUMP DEL ▸MAT MATH
Nun ergänzen Sie die Eingabe, sodass letztendlich der Term $\frac{7,5}{100} \cdot 1,7 \cdot 1400 \cdot 12 + 150$ $+ 425 \cdot 2 + 185 + 4 \cdot 35$ in einer Zeile erscheint.	× 1 4 0 0 × 1 2 + 1 5 0 + 4 2 5 × 2 + 1 8 5 + 4 × 3 5	◂+150+425×2+185+4×35 JUMP DEL ▸MAT MATH

Bruch eingeben

Dezimalkomma

Sie haben nun den gesamten Term eingegeben.

Anzeige eines langen Ausdrucks

Bei der Eingabe haben Sie gesehen, dass der Ausdruck nicht ganz auf das Display passt. Der Ausdruck wird deshalb automatisch nach links verschoben. Um dies deutlich zu machen, erscheint mit der Eingabe des 20. Zeichens im Display am linken Rand der „◂ “ Indikator.

Falls Sie sich vertippt haben sollten oder sich einfach nur den Anfang des Ausdrucks anschauen wollen, können Sie den Cursor mit den Pfeiltasten ◀ und ▶ steuern.
Sie befinden sich somit beispielsweise nach 39-maligem Drücken der ◀-Taste wieder am Anfang des Ausdrucks. Nun soll aber gerechnet werden!

Auswerten eines Ausdrucks

	Eingabe	Anzeige
Sie können einen Ausdruck auswerten, sprich das Ergebnis berechnen, indem Sie die EXE-Taste drücken.	EXE	7.5/100×1.7×1400×12+150+▷ 3467 ▯ JUMP DEL ▶MAT MATH

a) Die jährlichen Gesamtkosten betragen € 3 467,--.

b) Berechnung der durchschnittlichen Kosten pro 100 Kilometer

Um die durchschnittlichen Kosten pro 100 Kilometer zu berechnen, sollten Sie das letzte Ergebnis, also 3 467, durch die Anzahl der Kilometer (hier $1400 \cdot 12$) teilen und mit 100 multiplizieren. Sie brauchen die 3 467 aber nicht nochmals einzugeben, denn das letzte Ergebnis wird immer im Antwortspeicher (Ans[1]) gesichert.

Verwenden des Antwortspeichers (Ans) als Ausgangswert einer weiteren Rechnung

Ans

	Eingabe	Anzeige
Beginnen Sie einfach mit dem Divisionsoperator (÷) und geben dann den Divisor ein.	÷ (1 4 0 0 × 1 2) × 1 0 0	7.5/100×1.7×1400×12+150+▷ 3467 Ans÷(1400×12)×100 JUMP DEL ▶MAT MATH
Werten Sie den Ausdruck durch Drücken der EXE-Taste aus!	EXE	7.5/100×1.7×1400×12+150+▷ 3467 Ans÷(1400×12)×100 20.63690476 ▯ JUMP DEL ▶MAT MATH

Sie haben das letzte Ergebnis durch die Anzahl der Kilometer ·12 dividiert und hiermit die durchschnittlichen Kosten pro 100 Kilometer errechnet.

Runden von Dezimalbrüchen

unechte Brüche

Runden

	Eingabe	Anzeige
Einigen fällt das Runden im Kopf schwer, deshalb kann man den Rechner anweisen, das letzte Ergebnis zu runden. Wählen Sie dazu mit OPTN das Options-Menü, welches gleich in der untersten Bildschirmzeile angezeigt wird.	OPTN	7.5/100×1.7×1400×12+150+▷ 3467 Ans÷(1400×12)×100 20.63690476 ▯ LIST MAT CPLX CALC STAT ▷

1. „Ans“ ist die Abkürzung für „Answer“, was zu deutsch „Antwort“ bedeutet.

Menüsteuerung

	Eingabe	Anzeige
Am unteren Bildschirmrand sehen Sie nun die Befehle, die Sie mit den darunterliegenden Funktionstasten (F1 bis F6) auswählen können. Der von uns gesuchte Befehl zum Runden befindet sich im Untermenü NUM, was hier leider nicht angezeigt wird. Sie müssen also mit ▷ (F6) eine zweite Menüseite anfordern. Das ist übrigens immer so: Immer wenn Sie das Zeichen ▷ am rechten Rand der Menüzeile sehen, können Sie mit F6 weitere Optionen aufrufen.	F6	7.5/100×1.7×1400×12+150+▷ 3467 Ans÷(1400×12)×100 20.63690476 ▯ CONV HYP PROB NUM ANGL ▷
Wählen Sie nun mit F4 das NUM,-Menü.	F4	7.5/100×1.7×1400×12+150+▷ 3467 Ans÷(1400×12)×100 20.63690476 ▯ Abs Int Frac Rnd Intg ▷
Und leider befindet sich der Befehl zum Runden auf eine bestimmte Anzahl von Dezimalstellen RndFi wieder auf einer zweiten Seite. Drücken Sie also ▷ (F6).	F6	7.5/100×1.7×1400×12+150+▷ 3467 Ans÷(1400×12)×100 20.63690476 ▯ RndFi GCD LCM MOD MOD·E ▷
Nun können Sie den gewünschten Befehl RndFi mit der Taste F1 auswählen.	F1	7.5/100×1.7×1400×12+150+▷ 3467 Ans÷(1400×12)×100 20.63690476 RndFix(RndFi GCD LCM MOD MOD·E ▷
Nun wählen Sie als Parameter das letzte Ergebnis (Ans), indem Sie die Tasten SHIFT und dann die Taste (−) drücken! Sie erreichen übrigens die mit einer gelben Beschriftung versehenen Funktionen immer mit der (gelben) SHIFT-Taste!	SHIFT (−) (ANS)	7.5/100×1.7×1400×12+150+▷ 3467 Ans÷(1400×12)×100 20.63690476 RndFix(Ans RndFi GCD LCM MOD MOD·E ▷
Nun müssen Sie noch angeben, auf wie viel Stellen nach dem Komma gerundet werden soll. Geben Sie dazu zunächst als Separationszeichen das Komma (,) (nicht den Dezimalpunkt!) ein und dann die 2.	, 2	7.5/100×1.7×1400×12+150+▷ 3467 Ans÷(1400×12)×100 20.63690476 RndFix(Ans,2 RndFi GCD LCM MOD MOD·E ▷
Auf die schließende Klammer ( )) können Sie verzichten. Sie können übrigens alle schließenden Klammern weglassen, wenn Sie danach die EXE-Taste verwenden. Starten Sie nun das Runden mit der EXE-Taste.	EXE	100 3467 Ans÷(1400×12)×100 20.63690476 RndFix(Ans,2 20.64 ▯ RndFi GCD LCM MOD MOD·E ▷

▷

RndFi

Ans

schließende Klammer

Sie haben das Ergebnis nun mithilfe des Taschenrechners gerundet.
Möglicherweise hätten Sie das im Kopf schneller erledigt.
Ob Sie diese Funktion nutzen wollen, entscheiden Sie aber selbst.

b) Die durchschnittlichen Kosten pro 100 Kilometer betragen gerundet € 20,64.

c) Berechnung der Weglänge bei vorgegebenen Kosten

Sie müssen nunmehr den Betrag von € 1 000,-- durch die eben errechneten € 20,64 dividieren und dann mit 100 multiplizieren. Und auch hier können Sie sich den Antwortspeicher (Ans) zunutze machen:

Verwenden des Antwortspeichers (Ans) als Bestandteil einer weiteren Rechnung

	Eingabe	Anzeige
Ans — Beginnen Sie mit der Eingabe des Dividenden, geben dann den Divisionsoperator an und legen als Divisor den Antwortspeicher (**Ans**) fest. **Ans** erreichen Sie über die Tastenfolge SHIFT (–).	1 0 0 0 ÷ SHIFT (–) × 1 0 0	100 … 3467 Ans÷(1400×12)×100 20.63690476 RndFix(Ans,2 20.64 1000÷Ans×100
Werten Sie den Ausdruck durch Drücken der EXE-Taste aus!	EXE	Ans÷(1400×12)×100 20.63690476 RndFix(Ans,2 20.64 1000÷Ans×100 4844.96124
Catalog — Wenn Sie möchten, können Sie den Befehl zum Runden (**RndFix**) direkt auswählen. Rufen Sie hierfür mit SHIFT 4 (**Catalog**) das Verzeichnis aller Befehle auf.	SHIFT 4	Katalog a(Reg) [A] ▸a+bi a_0 a_1 a_2 INPUT CTGY
Da Sie wissen, dass der Befehl mit dem Buchstaben R beginnt, schreiben Sie zunächst mit 6 ein R. (Sie müssen vorher NICHT die ALPHA-Taste drücken!)	6	Katalog a(Reg) [A] ▸a+bi a_0 a_1 a_2 INPUT CTGY
Nun können Sie, indem Sie 31 mal die Taste ▼ betätigen bis zu dem gewünschten Befehl **RndFix** herunterscrollen und diesen mit EXE bestätigen.	31 mal ▼ EXE	Ans÷(1400×12)×100 20.63690476 RndFix(Ans,2 20.64 1000÷Ans×100 4844.96124 RndFix(
Ans — Nun wählen Sie in bekannter Weise die letzte Anzeige (**Ans**) aus, notieren ein Komma und die Anzahl der gewünschten Nachkommastellen. Bestätigen Sie die Eingabe mit EXE.	SHIFT (–) , 0 EXE	RndFix(Ans,2 20.64 1000÷Ans×100 4844.96124 RndFix(Ans,0 4845

*Sie haben den Antwortspeicher (Ans) verwendet, um in einer Rechnung das vorherige Ergebnis ohne erneute Eingabe verwenden zu können. Weiterhin haben Sie das Befehlsverzeichnis „**Catalog**" verwendet, um den Befehl **RndFix** auszuwählen.*

c) Mit € 1 000,-- könnte man 4 845 km weit fahren.

d) Berechnung der reduzierten jährlichen Kosten

Hier ist es zweckdienlich, die gesamte unter a) durchgeführte Rechnung nochmals auszuführen. Allerdings mit dem Unterschied, dass Sie die Benzinkosten, also den ersten Summanden, mit dem Faktor 0,95 multiplizieren. Hier können Sie sich die Historyfunktion zunutze machen:

Historyfunktion und Kopieren und Einfügen

Historyfunktion

	Eingabe	Anzeige
Sie können mit der ▲-Taste die Historyfunktion aufgerufen. Drücken Sie die ▲-Taste 10-mal und Sie gelangen zur Berechnung der durchschnittlichen Kosten zurück. Die Historyfunktion speichert max. 30 Datensätze mit Ausdrücken und Ergebnissen.	10 mal ▲	7.5/100×1.7×1400×12+150+▶ 3467 Ans÷(1400×12)×100 20.63690476 RndFix(Ans,2 20.64 RndFi GCD LCM MOD MOD·E ▷
Sie können nun dem markierten Ausdruck mit der CLIP-Funktion in die Zwischenablage kopieren. Sie rufen die CLIP-Funktion mit der Tastenfolge SHIFT 8 auf.	SHIFT 8 (CLIP)	7.5/100×1.7×1400×12+150+▶ 3467 Ans÷(1400×12)×100 20.63690476 RndFix(Ans,2 20.64 CPY·L
Sie sehen, dass sich das Menü an der unteren Bildschirmzeile geändert hat. Wählen Sie hier CPY·L, also F1 um den markierten Text in die Zwischenablage zu kopieren.	F1	7.5/100×1.7×1400×12+150+▶ 3467 Ans÷(1400×12)×100 20.63690476 RndFix(Ans,2 20.64 JUMP DEL ▶MAT MATH
Das Menü an der unteren Bildschirmzeile hat sich abermals verändert. Sie können nun mit F1 das Untermenü JUMP wählen und dort mit dem Befehl BTM (F2)direkt zur untersten Eingabezeile zurück gelangen.	F1 F2	RndFix(Ans,2 20.64 1000÷Ans×100 4844.96124 RndFix(Ans,0 4845 ▯ TOP BTM PgUp PgDn
Sie können nun den eben kopierten Ausdruck mit dem Befehl PASTE (SHIFT 9) in die aktuelle Eingabezeile kopieren.	SHIFT 9 (PASTE)	20.64 1000÷Ans×100 4844.96124 RndFix(Ans,0 4845 ◀+150+425×2+185+4×35 TOP BTM PgUp PgDn
Sie gelangen durch 19-maliges Drücken der ◀-Taste mit dem Cursor hinter die 12, also zum Ende des ersten Summanden.	19-mal ◀	20.64 1000÷Ans×100 4844.96124 RndFix(Ans,0 4845 7.5/100×1.7×1400×12+150+▶ TOP BTM PgUp PgDn
Jetzt können Sie den Multiplikationsoperator und den Faktor 0,95 eingeben und die Berechnung mit EXE starten.	× 0 . 9 5 EXE	4844.96124 RndFix(Ans,0 4845 7.5/100×1.7×1400×12×0.95▷ 3359.9 ▯ TOP BTM PgUp PgDn

CLIP

CPY·L

JUMP

PASTE = *einfügen*

Sie haben sich Tipparbeit gespart, indem Sie eine „alte" Eingabe in die Zwischenablage kopiert, diese an der aktuellen Position eingefügt und verändert haben.

d) Die jährlichen Gesamtkosten betragen nach der Inspektion € 3 359,90.

e) Berechnung der reduzierten monatlichen Kosten

In Variablen lassen sich Ergebnisse dauerhaft speichern. Sie können beispielsweise die Variable „A“ benutzen, um auch in Aufgabenteil e) unnötige Eingaben zu vermeiden.

Variablen

Verwenden von Variablen

	Eingabe	Anzeige
Speichern Sie die jährlichen Gesamtkosten nach der Inspektion, also das Ergebnis der letzten Rechnung, mit → ALPHA X,θ,T EXE in der Variablen A.	→ ALPHA X,θ,T (A) EXE	4845 $\frac{7.5}{100}$×1.7×1400×12×0.95▸ 3359.9 Ans→A 3359.9 TOP BTM PgUp PgDn
Der Term, welcher die Kosten vor der Inspektion berechnet, befindet sich noch in der Zwischenablage. Fügen Sie diesen mit SHIFT 9 ein und berechnen Sie das Ergebnis mit EXE erneut.	SHIFT 9 (PASTE) EXE	3359.9 Ans→A 3359.9 $\frac{7.5}{100}$×1.7×1400×12+150+▸ 3467 TOP BTM PgUp PgDn
Nun können Sie von diesem Ergebnis, was sich in **ANS** befindet den Inhalt der Variablen A subtrahieren. (**ANS** erscheint automatisch, wenn Sie einen Operator eingeben.)	− ALPHA X,θ,T (A) EXE	3359.9 $\frac{7.5}{100}$×1.7×1400×12+150+▸ 3467 Ans−A 107.1 TOP BTM PgUp PgDn
Jetzt müssen Sie das Ergebnis nur noch durch 12 dividieren.	÷ 1 2 EXE	3467 Ans−A 107.1 Ans÷12 8.925 TOP BTM PgUp PgDn
Sie können das Ergebnis mit der **RndFix** Funktion runden. Der Aufruf dieser Funktion ist besonders einfach, da sich CATALOG den zuletzt aufgerufenen Befehl merkt. Rufen Sie also mit SHIFT 4 die CATALOG-Funktion auf.	SHIFT 4 (CATALOG)	Katalog RightYmax RightYmin RightYscl Rmdr Rnd RndFix(INPUT CTGY
Bestätigen Sie den ausgewählten Befehl mit EXE und wählen Sie als Argument wieder **ANS** und die gewünschten Nachkommastellen (2).	EXE SHIFT (−) (ANS) , 2 EXE	Ans−A 107.1 Ans÷12 8.925 RndFix(Ans,2 8.93 TOP BTM PgUp PgDn

PASTE

CATALOG

Sie haben eine Variable (A), die Zwischenablage und die CATALOG-Funktion benutzt, um die monatliche Ersparnis bei den Kraftstoffkosten zu berechnen.

e) Die monatlichen Kraftstoffkosten verringern sich um € 8,93.

Sie haben die erste Aufgabe gelöst und erfahren, wie man Ausdrücke in den Rechner eingeben und verändern kann. Weiterhin haben Sie den Umgang mit der CATALOG-Funktion, der Historyfunktion und den Variablen kennen gelernt.

Der fx-9860GII hat eine Tabellenkalkulation integriert, die sich für die Lösung solcher Aufgaben geradezu anbietet. Aus diesem Grunde zeige ich Ihnen, wie Sie die eben gelöste Aufgabe mithilfe der Tabellenkalkulation S·SHT lösen können.
Auf geht's.

Tabellenkalkulation S·SHT

Lösen der Aufgabe mit S·SHT

	Eingabe	Anzeige
Rufen Sie mit MENU das Hauptmenü auf.	MENU	
Wählen Sie mit 4 die Tabellenkalkulation S·SHT aus.	4	
Sie wissen, dass der Verbrauch 7,5 l /100 km beträgt. Geben Sie also 7,5 in die Zelle A1 ein. (Hierbei benutzen Sie selbstverständlich den internationalen Dezimalpunkt, nicht das Komma.)	7 . 5 EXE	
Ein Liter Benzin kostet zurzeit € 1,70. Geben Sie also 1,7 in die schon aktivierte Zelle A2 ein.	1 . 7 EXE	
Pro Monat wird eine durchschnittliche Fahrstrecke von 1 400 km zurückgelegt. Geben Sie also in die Zelle A3 die Zahl 1400 ein.	1 4 0 0 EXE	
Die Kraftfahrzeugsteuer für das Fahrzeug beträgt jährlich € 150,--. Geben Sie also in die nächste Zelle (A4) die Zahl 150 ein.	1 5 0 EXE	
Die Haftpflichtversicherungsprämie beträgt halbjährlich € 425,--. Also gehört in die Zelle A5 die Zahl 425.	4 2 5 EXE	
An Reparatur- und Wartungskosten ist pro Jahr mit € 185,-- zu rechnen. Also ist 185 unser nächster Wert.	1 8 5 EXE	
Und schließlich sind noch die anteilmäßigen Kosten für vier neue Reifen (pro Stück € 35,--) zu berücksichtigen. Also ist der letzte einzugebende Wert die 35.	3 5 EXE	

Formel

	Eingabe	Anzeige
Nun sind alle Werte erfasst und wir können rechnen. Und wir berechnen jeweils die jährlichen Kosten in der Spalte B. Sie gehen also mit dem Cursor in die Spalte B3.	7 mal ▲ 2 mal ▼ ▶	
Dort müssen wir nun eine Formel angeben, welche die jährlichen Benzinkosten berechnet. Formeln beginnen immer mit dem Gleichzeichen (=). Also: SHIFT • .	SHIFT •	
Nun beginnen wir einfach mit dem Verbrauch (7,5), den Sie in die Zelle A1 eingetragen haben. Diese Angabe ist pro 100 km. Für einen Kilometer müssen Sie diese Angabe durch 100 dividieren. Sie geben also A1:100 ein.	ALPHA X,θ,T 1 ÷ 1 0 0	
Sie wissen, dass der Benzinpreis in der Zelle A2 steht. Sie müssen also den Verbrauch für einen Kilometer mit dem Benzinpreis multiplizieren. Sie geben also · A2 ein.	× ALPHA X,θ,T 2	
Die durchschnittliche monatliche Fahrtstrecke ist in der Zelle A3 gespeichert. Also muss noch mit dieser Zelle multipliziert werden. Und da die jährlichen Kosten berechnet werden sollen, muss noch mit 12 multipliziert werden. Sie ergänzen also · A3 · 12.	× ALPHA X,θ,T 3 × 1 2	
Wenn Sie nun die Taste drücken, werden die jährlichen Gesamtkosten berechnet und in der Zelle B 3 gespeichert.	EXE	
Die jährliche Kraftfahrzeugsteuer befindet sich in der Zelle A4. Hier muss nichts berechnet werden. Sie können also den Wert mit =A4 übertragen.	SHIFT • ALPHA X,θ,T 4 EXE	
Die halbjährliche Haftpflichtversicherungsprämie befindet sich in der Zelle A5. Für einen jährlichen Betrag muss also mit dem Faktor 2 multipliziert werden. Also: = A5 · 2.	SHIFT • ALPHA X,θ,T 5 × 2 EXE	

	Eingabe	Anzeige
Die jährlichen Reparatur- und Wartungskosten sind in A6 gespeichert. Hier braucht nichts berechnet zu werden. Also einfach den Wert mit = A6 übernehmen.	SHIFT • ALPHA X,θ,T 6 EXE	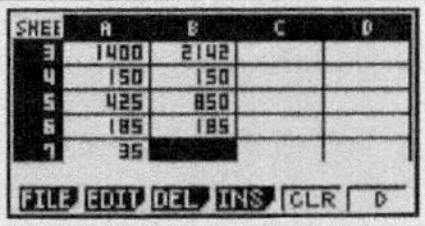
In Zelle A7 sind die anteiligen Kosten für einen Reifen. Dieser Wert muss bei einem vierräderigen Auto mit dem Faktor 4 multipliziert werden. Also =A7 · 4 .	SHIFT • ALPHA X,θ,T 7 × 4 EXE	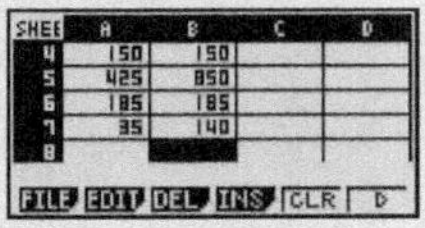
Um die jährlichen Kosten zu berechnen, müssen nun alle Werte in der Spalte B aufsummiert werden. Hierfür gibt es die Funktion CellSum. Diese lässt sich aufrufen, wenn Sie das Gleichheitszeichen, was den Beginn einer Formel einleitet, eingegeben haben.	SHIFT •	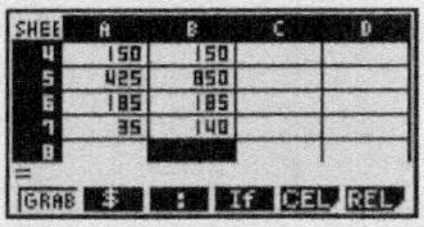
Nun sehen Sie am unteren Bildschirmrand einen Menüpunkt CEL, denn Sie mit F5 aufrufen können.	F5	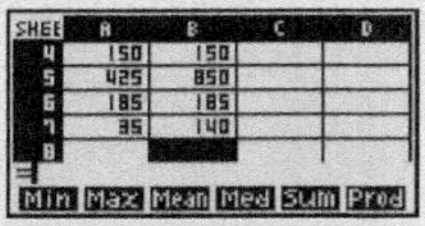
Und hier sehen Sie nun den Befehl Sum, den Sie mit F5 aufrufen.	F5	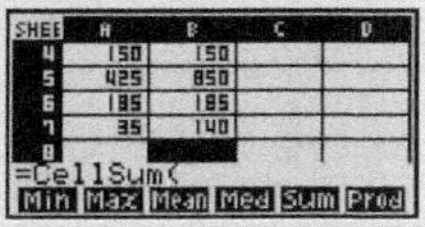
Nun geben Sie die erste Zelle, die aufsummiert werden soll (B3) ein, gefolgt von einem Doppelpunkt (:), den Sie nach Drücken der EXIT-Taste mit der Funktionstaste F3 erzeugen können. Schließlich folgt die Zelle, bei der das Aufsummieren gestoppt werden soll (B7).	ALPHA log 3 EXIT F3 ALPHA log 7	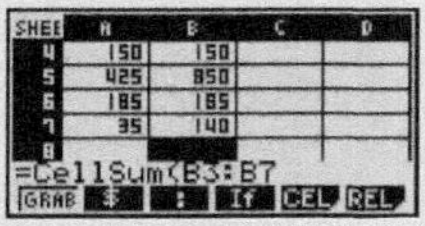
Wenn Sie nun mit EXE die Berechnung starten, haben Sie Aufgabenteil a) gelöst.	EXE	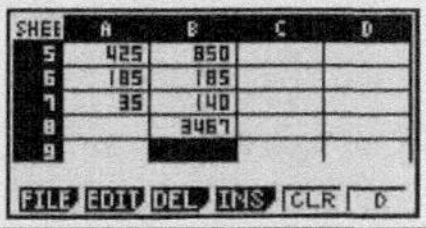
Die durchschnittlichen Kosten pro 100 km ergeben sich, indem Sie das Ergebnis in Zelle B8 durch die Jahreskilometerleistung dividieren und dann mit 100 multiplizieren. Die monatliche Kilometerleistung befindet sich in Zelle A3. Sie müssen also rechnen: =B8 : (A3 · 12) · 100.	SHIFT • ALPHA log 8 ÷ (ALPHA X,θ,T 3 × 1 2) × 1 0 0	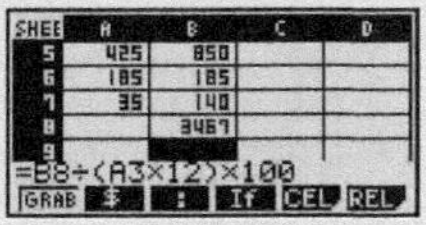
Mit der Eingabe von EXE haben Sie den Aufgabenteil b) gelöst. Bitte vergleichen Sie die Lösungen!	EXE	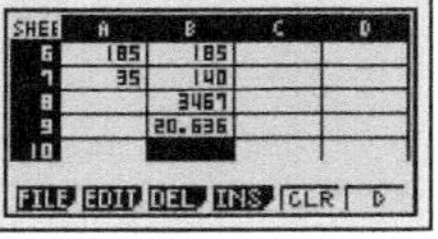

CellSum

Auswahl eines Zellenbereichs

	Eingabe	Anzeige
Um herauszubekommen, wie weit man mit € 1000,-- fahren kann, müssen Sie 1000 durch den eben berechneten Betrag, der in der Zelle B9 gespeichert ist, dividieren und das Ergebnis mit 100 multiplizieren. Also: 1000 : B9 · 100.	SHIFT • 1 0 0 0 ÷ ALPHA log 9 × 1 0 0	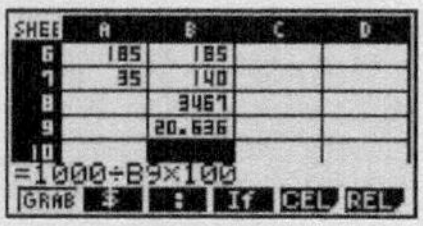 =1000÷B9×100
Drücken Sie EXE und Sie haben Aufgabenteil c) gelöst.	EXE	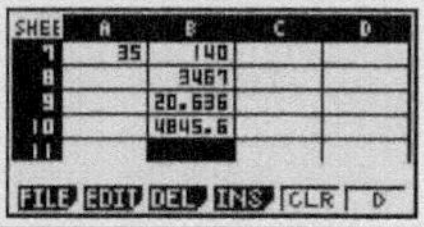
Den durchschnittlichen Benzinverbrauch haben Sie in der Zelle B3 berechnet. Wenn dieser sich um 5% reduziert, brauchen Sie diesen Wert nur mit dem Faktor 0,95 zu multiplizieren. Alle anderen Kosten (B4 bis B7) bleiben gleich und können mit `CellSum` aufsummiert werden. Also: = B3 · 0,95 + CellSum(B4 : B7) Der Menüpunkt zur Eingabe des Doppelpunktes erscheint erst dann, wenn man einmal EXIT drückt.	SHIFT • ALPHA log 3 × 0 • 9 5 + F5 F5 ALPHA log 4 EXIT F3 ALPHA log 7	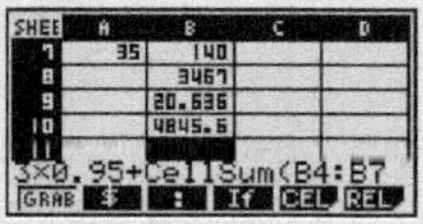 3×0.95+CellSum(B4:B7
Und mit EXE ist auch Aufgabenteil d) gelöst.	EXE	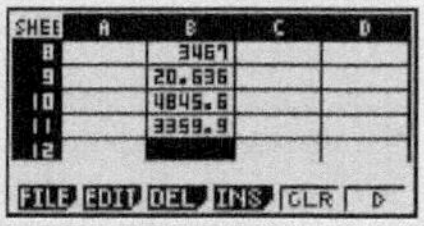
Die jährliche Ersparnis ergibt sich, wenn von den alten jährlichen Kosten (B 8) die neuen jährlichen Kosten (B 11) subtrahiert werden. Die monatliche Ersparnis ergibt sich, wenn dieses Ergebnis noch durch 12 dividiert wird. also: = (B8 - B11) : 12	SHIFT • (ALPHA log 8 − ALPHA log 1 1) ÷ 1 2	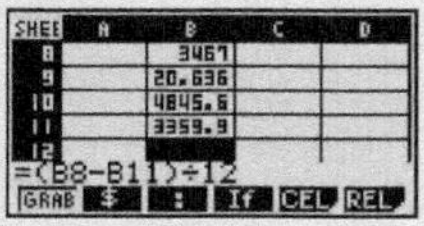 =(B8-B11)÷12
Und auch die Lösung zu Aufgabenteil e) erhalten Sie durch die Eingabe von EXE.	EXE	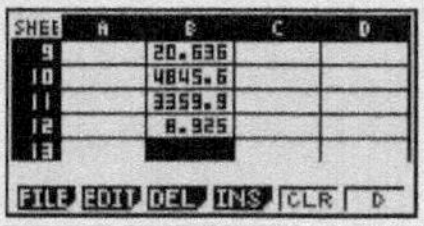

Durch diese alternative Lösung der Aufgabe haben Sie die wichtigsten Funktionen der Tabellenkalkulation S·SHT kennengelernt. Für weitere Funktionen schauen Sie einfach im mitgelieferten Handbuch (als PDF-Datei auf CD) nach.

Kapitel 2

Wahl eines Handytarifs

TABLE und GRAPH

Wahl eines Handytarifs[1]

Sie möchten sich ein neues Handy zulegen. Der Händler bietet Ihnen für Gespräche ins Festnetz sowie in andere Mobilfunknetze folgende Tarife an:

	Grundgebühr	Preis pro Minute
Tarif A	€ 5,--	€ 0,15
Tarif B	€ 6,--	€ 0,13

Aufgabenstellung

a) Ermitteln Sie die Gleichungen für die Tarife A und B!

b) Erstellen Sie für den Bereich zwischen 0 und 100 Minuten eine Wertetabelle mit der Schrittweite 10 für die beiden Tarife!

c) Zeichnen Sie einen Funktionsgraphen und ermitteln Sie, ab wie vielen Gesprächsminuten Tarif B günstiger ist.

d) Berechnen Sie, wie teuer folgende Gesprächszeiten in Tarif B sind:
300 Minuten, 380 Minuten, 460 Minuten!

1. Diese Aufgabenstellung basiert auf einer Klausuraufgabe aus dem Bereich der Abendrealschule.

Lösungsstrategie

a) Sie ermitteln die Gleichungen, indem Sie für Tarif A und B eine Gleichung nach dem Muster $f(x) = a \cdot x + b$ aufstellen, wobei a der Minutenpreis und b die Grundgebühr ist.

b) Gefragt ist eine Tabelle, bei der links die Anzahl der Minuten in Zehnerschritten und rechts die zugehörigen Gesamtkosten stehen.

c) Sie können die beiden Funktionsgraphen mit der **GRAPH**-Funktion des Taschenrechners zeichnen. Die Lösung, wann Tarif B günstiger wird, können Sie aus der in Teil b) generierten Tabelle ablesen oder auch mit dem **Graphik-Solver** berechnen.

d) Hier müssen lediglich einige Funktionswerte der in Aufgabenteil a) für den Tarif B erstellten Funktion berechnet werden.

a) Ermitteln der Gleichungen

Hier kann der Rechner Ihnen nicht helfen. Wenn Sie aber dem Hinweis folgen und für die Tarife A und B eine lineare Funktion nach dem Muster $f(x) = a \cdot x + b$ erstellen, gelangen Sie schnell zu folgenden Funktionen:

lineare Funktion

Tarif A: $f(x) = 0,15x + 5$

Tarif B: $f(x) = 0,13x + 6$

a) Für Tarif A ergibt sich folgende Funktion: $f(x) = 0,15x + 5$.
Tarif B lässt sich in der Form $f(x) = 0,13x + 6$ notieren.

b) Erstellen der Wertetabellen

Zunächst werden für beide Funktionen Wertetabellen generiert. Hierzu bietet sich die TABLE Funktion des fx-9860GII an.

Wertetabellen

Generieren einer Tabelle

	Eingabe	Anzeige
Rufen Sie mit der MENU-Taste das Hauptmenü auf und wählen Sie mit 7 das TABLE-Menü (TABLE).	MENU 7	Tabellenfkt. :Y= Y1: Y2: Y3: Y4: Y5: Y6: SEL DEL TYPE STYL SET TABL
Hier können Sie direkt in der ersten Zeile (Y1) die Funktionsgleichung für den Tarif A eingeben: $f(x) = 0,15x + 5$ Beginnen Sie mit 0 • 1 5. Das x erreichen Sie bequem mit der X,θ,T-Taste. Vervollständigen Sie dann noch die + 5 und bestätigen Sie mit EXE.	0 • 1 5 X,θ,T + 5 EXE	Tabellenfkt. :Y= Y1■0.15X+5 Y2: Y3: Y4: Y5: Y6: SEL DEL TYPE STYL SET TABL
Nun geben Sie die Funktion von Tarif B ein: $f(x) = 0,13x + 6$ und bestätigen mit EXE. Die Funktionen werden am Grafikrechner übrigens immer mit Y1 bis Y20 bezeichnet.	0 • 1 3 X,θ,T + 6 EXE	Tabellenfkt. :Y= Y1■0.15X+5 Y2■0.13X+6 Y3: Y4: Y5: Y6: SEL DEL TYPE STYL SET TABL
Nun rufen Sie mit F5 das Untermenü SET auf, um den Bereich zwischen 0 und 100 Minuten und die Schrittweite 10 einzustellen.	F5	Tabelleneinstell X Start:1 End :5 Step :1
Ändern Sie den Startwert auf „0“ um und bestätigen Sie mit EXE.	0 EXE	Tabelleneinstell X Start:0 End :5 Step :1

Eingeben einer Funktionsgleichung

	Eingabe	Anzeige
Der Endwert ist „100“. Und mit EXE gelangen Sie zu der Eingabe der Schrittweite.	1 0 0 EXE	Tabelleneinstell X Start:0 End :100 Step :1
Nun geben Sie noch die Schrittweite „10“ ein. Bestätigen Sie mit EXE und verlassen Sie mit EXIT das SET Untermenü . Sie können übrigens mit EXIT jedes Menü verlassen und gelangen zu dem darunter liegenden Menü.	1 0 EXE EXIT	Tabellenfkt.:Y= Y1■0.15X+5 [—] Y2■0.13X+6 [—] Y3: [—] Y4: [—] Y5: [—] Y6: [—] SEL DEL TYPE STYL SET TABL
Wählen Sie nun mit F6 die TABL-Funktion und Sie sehen bereits die zu erstellende Tabelle. Mit der ▽-Taste können Sie bis zum x-Wert 100 herunterscrollen und sich die entsprechenden Werte anschauen. Mit der △-Taste können Sie dann wieder zum x-Wert „0“ zurückgelangen.	F6 ggfs ▽ oder △	X Y1 Y2 0 5 6 10 6.5 7.3 20 8 8.6 30 9.5 9.9 0 FORM DEL ROW EDIT G-CON G-PLT

Sie haben die Wertetabelle der Funktionen $f(x) = 0,15x + 5$ *und* $f(x) = 0,13x + 6$ *generiert.*

Notieren Sie bitte die errechneten Funktionswerte in der folgenden Tabelle!

Wertetabellen für Tarif A und Tarif B

x	$f(x) = 0,15x + 5$	$f(x) = 0,13x + 6$
0		
10		
20		
30		
40		
50		
60		
70		
80		
90		
100		

c) Zeichnen von Funktionsgraphen und ermitteln des Zeitpunktes, von dem an der Tarif B günstiger ist.

Zeichnen von Funktionsgraphen

	Eingabe	Anzeige
Rufen Sie mit der MENU-Taste das Hauptmenü auf.	MENU	MAIN MENU RUN·MAT STAT e·ACT S·SHT GRAPH DYNA TABLE RECUR CONICS EQUA PRGM TVM
Wählen Sie nun mit 5 das **GRAPH**-Menü (GRAPH) aus.	5	Grafikfunkt.:Y= Y1=0.15X+5 [—] Y2=0.13X+6 [—] Y3: [—] Y4: [—] Y5: [—] Y6: [—] SEL DEL TYPE STYL GMEM DRAW
Sie sehen, dass unsere Funktionsgleichungen dort bereits eingetragen sind. An der Strichmarkierung rechts sehen Sie, wie der Funktionsgraph gezeichnet wird. Der Übersichtlichkeit halber ändern wir die Darstellung des Tarifs B so ab, dass der Graph in gepunkteter Darstellung erscheint. Wählen Sie dazu mit ▽ den zweiten Funktionsgraph aus und wählen Sie mit F4 das STYL-Menü.	▽ F4	Grafikfunkt.:Y= Y1=0.15X+5 [—] Y2=0.13X+6 [—] Y3: [—] Y4: [—] Y5: [—] Y6: [—]
Wählen Sie hier mit F3 die Darstellung mit den großen Punkten (·····) aus und verlassen Sie dieses Menü mit EXIT.	F3 EXIT	Grafikfunkt.:Y= Y1=0.15X+5 [—] Y2=0.13X+6 [·····] Y3: [—] Y4: [—] Y5: [—] Y6: [—] SEL DEL TYPE STYL GMEM DRAW
Sie können nun die beiden Funktionsgraphen mit dem Befehl DRAW zeichnen lassen. Sie rufen diesen ganz einfach aus dem Menü an der unteren Bildschirmleiste mit F6 auf.	F6	
Wie Sie sehen, sehen Sie nichts ... Bzw. nicht viel. Das liegt daran, dass Sie noch nicht angegeben haben, in welchem Bereich und mit welcher Auflösung die beiden Graphen gezeichnet werden sollen. Das holen wir nach, indem wir direkt mit F3 das **Betrachtungsfenster** (**V-Window**) aufrufen und dort die entsprechenden Einstellungen vornehmen.	V-Window F3	Betrachtungsfenster Xmin :-6.3 max :6.3 scale:1 dot :0.1 Ymin :-3.1 max :3.1 INIT TRIG STD STO RCL
Sie sehen, dass die Zeile für die Eingabe des minimalen x-Wertes für die Darstellung bereits aktiviert ist. Hier geben Sie gemäß der Aufgabenstellung den Wert „0“ ein und bestätigen mit EXE.	0 EXE	Betrachtungsfenster Xmin :0 max :6.3 scale:1 dot :0.05 Ymin :-3.1 max :3.1 INIT TRIG STD STO RCL

GRAPH-Menü

Darstellung von Funktionsgraphen

Betrachtungsfenster (V-Window)

	Eingabe	Anzeige
Nun muss der Maximalwert eingegeben werden. Dieser ist „100“. Und auch dieser Wert muss mit EXE bestätigt werden.	1 0 0 EXE	Betrachtungsfenster Xmin :0 max :100 scale:1 dot :0.79365079 Ymin :-3.1 max :3.1 INIT TRIG STD STO RCL
Nun sollte mit dem Eintrag unter „scale“ der Abstand der Striche auf der x-Achse angegeben werden. Hier ist ein Wert von „10“ sinnvoll. (Bei „1“ würden Sie vor lauter Strichen nichts mehr sehen!). Bestätigen Sie auch hier mit EXE.	1 0 EXE	Betrachtungsfenster Xmin :0 max :100 scale:1 dot :0.79365079 Ymin :-3.1 max :3.1 INIT TRIG STD STO RCL
Der dot-Wert, welcher die Pixel-Punkt Auflösung repräsentiert, passt sich automatisch an und braucht hier nicht geändert zu werden. Mit ▽ gelangen Sie zur Eingabe des Minimalwertes für die Darstellung auf der y-Achse. Wählen Sie hier „0“ und bestätigen Sie mit EXE.	▽ 0 EXE	Betrachtungsfenster Xmin :0 max :100 scale:1 dot :0.79365079 Ymin :0 max :3.1 INIT TRIG STD STO RCL
Den Maximalwert für die Darstellung auf der y-Achse können Sie leicht aus der Wertetabelle ablesen. Hier reicht also ein Wert von „20“ vollkommen aus. Geben Sie diesen ein und bestätigen Sie mit EXE.	2 0 EXE	Betrachtungsfenster max :100 scale:1 dot :0.79365079 Ymin :0 max :20 scale:1 INIT TRIG STD STO RCL
Für den Abstand der Striche auf der y-Achse ist ein Wert von 5 sinnvoll. Tragen Sie auch diesen ein und bestätigen Sie die Eingabe mit EXE.	5 EXE	Betrachtungsfenster scale:1 dot :0.79365079 Ymin :0 max :20 scale:5 θmin :0 INIT TRIG STD STO RCL
Verlassen Sie das `Betrachtungsfenster` Menü mit EXIT.	EXIT	Grafikfunkt. :Y= Y1■0.15X+5 [—] Y2■0.13X+6 [—] Y3: [—] Y4: [—] Y5: [—] Y6: [—] SEL DEL TYPE STYL GMEM DRAW
Rufen Sie nun mit F6 die DRAW-Funktion auf und erfreuen Sie sich an den nun perfekt gezeichneten Funktionsgraphen.	F6	

Sie haben die Funktionsgraphen der Funktionen $f(x) = 0,15x + 5$ *und* $f(x) = 0,13x + 6$ *in einem sinnvollen Bereich gezeichnet.*

Doch ab wie vielen Gesprächsminuten ist Tarif B günstiger?

Sie können ganz einfach die eben erstellte Tabelle betrachten. Sie sehen, dass die Gesprächskosten sowohl bei Tarif A als auch bei Tarif B bei genau 50 Gesprächsminuten € 12,50 betragen. Somit ist Tarif B ab der 51. Minute günstiger.

Sie können das Ganze aber auch direkt im `GRAPH`-Menü mit der Funktion `Graphic-Solve` (`G-Solve`) lösen.

Berechnen des Schnittpunktes zwischen zwei Graphen

	Eingabe	Anzeige
Rufen Sie während zwei Funktionsgraphen dargestellt werden mit F5 das G-Solv-Menü auf.	F5	ROOT MAX MIN Y-ICPT ISCT ▷
Wählen Sie dort mit F5 die Option ISCT aus. (ISCT steht für das englische Wort „InterSeCTion", was so viel wie „Schnittpunkt" bedeutet.)	F5	Y1=0.15X+5 Y2=0.13X+6 ISECT X=50 Y=12.5
Und schon sehen Sie die Lösung! In der zweiten Zeile von unten sehen Sie die von Ihnen angeforderte Berechnung (ISECT). Und in der ersten Zeile von unten sehen Sie die Lösung: x = 50 und y = 12,5. Verlassen Sie nun den Modus zur Darstellung der Funktionsgraphen mit EXIT.	EXIT	Grafikfunkt.:Y= Y1=0.15X+5 [—] Y2=0.13X+6 [—] Y3: [—] Y4: [—] Y5: [—] Y6: [—] SEL DEL TYPE STYL GMEM DRAW

Sie haben den Schnittpunkt zweier Funktionsgraphen mit der ISCT-Funktion des Graphic-Solvers berechnet.

Schnittpunkte mit G-Solv ISCT

c) Tarif B ist ab der 51. Minute günstiger.

d) Berechnen einzelner Funktionswerte

Selbstverständlich könnte man jetzt die Tabelle, die Sie in Aufgabenteil b) erstellt haben, so erweitern, dass die gewünschten Funktionswerte für 300 Minuten, 380 Minuten und 460 Minuten in dieser Tabelle angezeigt würden. Das ist jedoch, wenn nur einzelne Funktionswerte erwünscht sind, zu aufwendig.

Berechnen einzelner Funktionswerte

	Eingabe	Anzeige
Wählen Sie mit der Tastenfolge MENU und 1 das Run-Mat-Menü aus.	MENU 1	Ans−A 107.1 Ans÷12 8.925 RndFix(Ans,2 8.93 JUMP DEL ▶MAT MATH
Wenn Sie den Bildschirm löschen möchten, können Sie das mit der Befehlsfolge DEL DEL·A erledigen.	F2 F2	Alles-löschen? Ja :[F1] Nein:[F6] DEL·L DEL·A

Run-Mat

Bildschirm löschen

Funktionswerte berechnen

	Eingabe	Anzeige
Bestätigen Sie dieses Vorhaben mit F1.	F1	□ JUMP DEL ▸MAT MATH
Die Funktion für Tarif B ($f(x) = 0,13x + 6$) ist in Y2 gespeichert. Sie müssen also nur Y2(300) berechnen. Wählen Sie also mit der VARS-Taste das Variablendatenmenü aus und wählen dort im Untermenü GRPH die Funktion Y aus.	VARS F4 F1	Y Y r Xt Yt X
Nun können Sie die Eingabe mit 2(300) vervollständigen und mit EXE bestätigen.	2 (3 0 0) EXE	Y2(300) 45 □ Y r Xt Yt X
Genau so berechnen Sie jetzt Y2(380).	F1 2 (3 8 0) EXE	Y2(300) 45 Y2(380) 55.4 □ Y r Xt Yt X
Und Y2(460).	F1 2 (4 6 0) EXE	Y2(300) 45 Y2(380) 55.4 Y2(460) 65.8 □ Y r Xt Yt X

Sie haben drei verschiedene Funktionswerte direkt durch die Eingabe der entsprechenden Funktion berechnet und die Ergebnisse 45, 55,4 und 65,8 erhalten.

d) Die Kosten für 300 Minuten betragen € 45,--, 380 Minuten kosten € 55,40 und 460 Minuten schlagen mit € 65,80 zu Buche.

Kapitel 3

Verlauf eines Wasserstrahls

Quadratische Regression
Nullstellen
Berechnen von Funktionswerten

Verlauf eines Wasserstrahls[1]

Der Wasserstrahl aus einem Gartenschlauch (horizontaler Wurf) beschreibt eine Parabel.

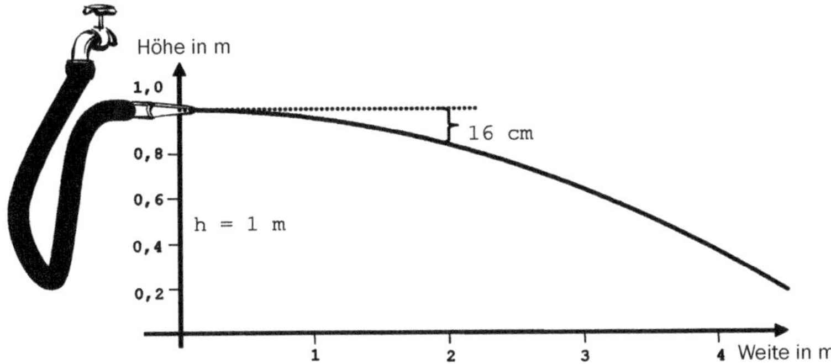

Aufgabenstellung:

a) Wie lautet die Gleichung der zugehörigen Funktion?

b) Wo trifft der Strahl auf den Boden auf?

c) Wie weit reicht der Strahl, wenn die Düse des Gartenschlauchs in einer Höhe von vier Metern angebracht wird?

d) Wie hoch muss die Düse des Gartenschlauchs montiert werden, wenn der Strahl 7,5 m weit reichen soll?

1. Diese Aufgabenstellung wurde durch eine Aufgabe angeregt, die im Rahmen des SINUS Projekts bearbeitet wurde.

Lösungsstrategie

a) Sie könnten diese Aufgabe leicht mittels zweier linearer Gleichungssysteme lösen. Hier möchte ich Ihnen aber eine andere Herangehensweise zeigen, die der quadratischen Regression. Hierzu benötigen Sie drei Funktionswerte, die Sie leicht durch Ablesen (und Überlegen) ermitteln können:

Funktionswert	Begründung
$f(0) = 1$	Der Wasserstrahl beginnt in einer Höhe von einem Meter.
$f(2) = 0,84$	Durch Ablesen ermittelt man, dass sich der Wasserstrahl nach zwei Metern 0,16 m unterhalb von einem Meter befindet, also in einer Höhe von 0,84 m.
$f(-2) = 0,84$	Da für eine korrekte quadratische Regression[1] drei Funktionswerte erforderlich sind, kann man die Symmetrieeigenschaft der quadratischen Funktion $f(x) = ax^2 + b$ ausnutzen und für den fiktiven x-Wert x = –2, der real in diesem Beispiel selbstverständlich nicht existiert, den Funktionswert von 0,84 annehmen.

b) Um den Punkt zu berechnen, an dem der Strahl auf den Boden trifft, ist es zweckmäßig, die rechte Nullstelle der unter a) ermittelten Funktion zu suchen. Diese können Sie ganz einfach zeichnen und dann mit dem Grafik-Solver den genauen Wert anzeigen lassen.

c) Um zu ermitteln, wie weit der Strahl bei einer Höhe von h = 4 m reicht, sollte die unter a) gefundene Funktionsgleichung in der Art geändert werden, dass das absolute Glied den Wert 4 erhält.
Nun können Sie wie bei Teil b) die Nullstellen ermitteln.

d) Um zu ermitteln, wie groß h gewählt werden muss, damit der Strahl 7,5 m weit reicht, ist es zweckmäßig, die Zahl 7,5 als Argument in die oben ermittelte Gleichung der Form $f(x) = ax^2 + h$ einzusetzen und damit h zu berechnen.

1. Der Taschenrechner hat für die Regressionsrechnung den Funktionstyp $f(x) = ax^2 + bx + c$ eingebaut. Es ist also ein dritter Funktionswert erforderlich.

a) Ermitteln der Funktionsgleichung

Durchführen einer Regressionsrechnung

	Eingabe	Anzeige
Rufen Sie mit der MENU-Taste das Hauptmenü auf.	MENU	MAIN MENU
Und wählen Sie mit 2 das STAT-Menü (STAT).	2	
Sie sehen eine Liste mit vier Spalten, von denen wir hier aber nur zwei Spalten benutzen werden. In die Spalte mit der Überschrift `List 1` sollen die x-Werte und in der Spalte mit der Überschrift `List 2` sollen die Funktionswerte der zu suchenden Funktion eingetragen werden.[1] Beginnen wir mit der Eingabe des ersten Funktionswertes $f(0) = 1$. Geben Sie also die 0 ein, bestätigen mit EXE, wechseln Sie mit ▷ in die zweite Liste und geben Sie dort den Funktionswert 1 ein. Bestätigen Sie mit EXE und wechseln Sie mit ◁ wieder in Liste 1.	0 EXE ▷ 1 EXE ◁	
Nun können Sie den zweiten Funktionswert $f(2) = 0,84$ eingeben. Auch hier tragen Sie zunächst die 2 in Liste 1 ein, wechseln dann in Liste 2 und tragen dort den Funktionswert 0,84 ein. Schließlich wechseln Sie wieder zu Liste 1.	2 EXE ▷ 0 • 8 4 EXE ◁	
Nun gilt es in ähnlicher Weise den Funktionswert $f(-2) = 0,84$ einzugeben!	(−) 2 EXE ▷ 0 • 8 4 EXE ◁	
Nun kann die eigentliche Regressionsrechnung beginnen. Wählen Sie dazu mit F2 CALC.	F2	

Regressions-rechnung: Eingabe von Daten

1. Ich halte es für sinnvoll, dass man jeweils zum Argument (x-Wert) den zugehörigen Funktionswert (f(x)-Wert) notiert (und denkt). Zunächst alle Argumente und dann alle Funktionswerte zu notieren, macht aus lernpsychologischer Sicht keinen Sinn.

Durchführen einer Regressions-rechnung

quadratische Regression

exakte Lösung

Kopieren einer Funktions-gleichung mit COPY

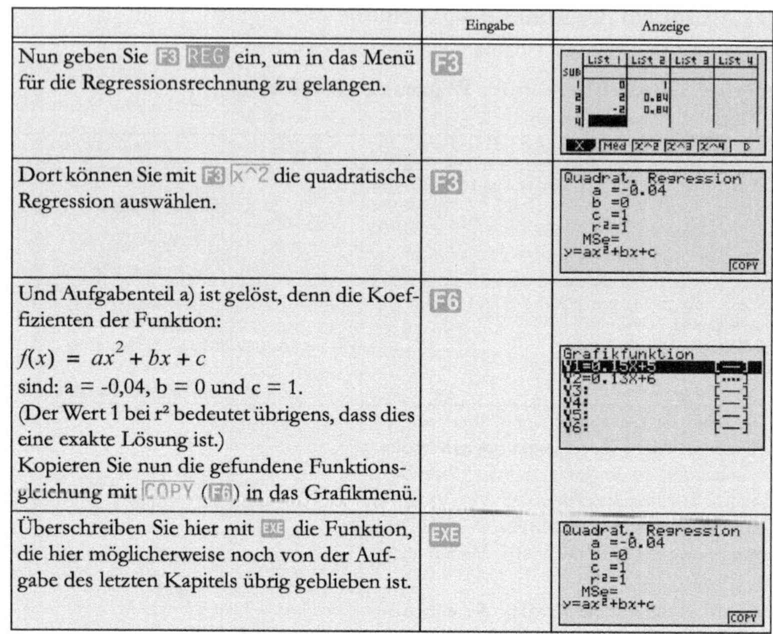

	Eingabe	Anzeige
Nun geben Sie F3 REG ein, um in das Menü für die Regressionsrechnung zu gelangen.	F3	
Dort können Sie mit F3 X^2 die quadratische Regression auswählen.	F3	Quadrat. Regression a =-0.04 b =0 c =1 r²=1 MSe= y=ax²+bx+c COPY
Und Aufgabenteil a) ist gelöst, denn die Koeffizienten der Funktion: $f(x) = ax^2 + bx + c$ sind: a = -0,04, b = 0 und c = 1. (Der Wert 1 bei r^2 bedeutet übrigens, dass dies eine exakte Lösung ist.) Kopieren Sie nun die gefundene Funktionsgleichung mit COPY (F6) in das Grafikmenü.	F6	Grafikfunktion Y1=0.15X+5 Y2=0.13X+6 Y3: Y4: Y5: Y6:
Überschreiben Sie hier mit EXE die Funktion, die hier möglicherweise noch von der Aufgabe des letzten Kapitels übrig geblieben ist.	EXE	Quadrat. Regression a =-0.04 b =0 c =1 r²=1 MSe= y=ax²+bx+c COPY

Sie haben drei Punkte einer quadratischen Funktion eingegeben und eine quadratische Regression durchgeführt und die gefundene Funktion als erste Funktion in das Grafikmenü eingefügt.

a) Die gesuchte Funktionsgleichung lautet: $f(x) = -0,04x^2 + 1$

b) Berechnung der Nullstellen

Lassen Sie sich die gefundene Funktionsgleichung zunächst einmal grafisch darstellen. Schließlich haben Sie ja einen Grafikrechner!

Zeichnen von Funktionsgraphen

selektieren und deselektieren von Funktions-gleichungen

	Eingabe	Anzeige
Rufen Sie mit der MENU-Taste das Hauptmenü auf und wählen Sie nun mit 5 das **GRAPH**-Menü (GRAPH).	MENU 5	Grafikfunkt.:Y= Y1=-0.04X²+0X+1 Y2=0.13X+6 Y3: Y4: Y5: SEL DEL TYPE STYL GMEM DRAW
Sie sehen, dass die eben berechnete Funktionsgleichung schon korrekt eingetragen ist. Wenn Sie das Kapitel zuvor bearbeitet haben, befindet sich dort noch eine zweite Funktion. Sie können diese mit ▼ markieren und dort mit F1 Funktionsgraph(SEL) vom Zeichnen ausnehmen. Sie sehen, dass sich die Farbe des Gleichheitszeichens geändert hat.	▼ F1	Grafikfunkt.:Y= Y1=-0.04X²+0X+1 Y2=0.13X+6 Y3: Y4: Y5: SEL DEL TYPE STYL GMEM DRAW

	Eingabe	Anzeige
Nun selektieren Sie mit ▲ F1 wieder die erste Gleichung. Sie sehen, dass das Gleichheitszeichen dieselbe Farbe hat, wie der Rest der Gleichung. Das bedeutet, dass diese Funktionsgleichung **nicht** automatisch zum Zeichnen selektiert wurde. Ändern Sie dies, in dem Sie F1 (SEL) wählen!	▲ F1	Grafikfunkt.:Y= Y1=-0.04X²+0X+1 Y2=0.13X+6 Y3: Y4: Y5: SEL DEL TYPE STYL GMEM DRAW
Starten Sie nun den Zeichenvorgang mit DRAW (F6).	F6	
Seien Sie nicht enttäuscht, wenn Sie nichts sehen! Der Taschenrechner weiß nämlich nicht, welchen Bereich Sie sehen wollen. Und genau dies teilen wir ihm im `Betrachtungsfenster` (`V-Window`) mit, das Sie leicht mit F3 aufrufen können.	V-Window F3	Betrachtungsfenster Xmin :0 max :100 scale:1 dot :0.79365079 Ymin :0 max :20 INIT TRIG STD STO RCL
Nun müssen sinnvolle Werte für die Minimal- und Maximalwerte der Achsen sowie für den Abstand der Striche eingegeben werden. Wenn man die gesamte Aufgabenstellung überblickt, erscheinen hier für die x-Achse ein Minimalwert (`Xmin`) von 0, ein Maximalwert (`max`) von 10 und ein Strichabstand (`scale`) von 1 sinnvoll. Geben Sie diese Werte ein und bestätigen Sie jeweils mit EXE.	0 EXE 1 0 EXE 1 EXE	Betrachtungsfenster Xmin :0 max :10 scale:1 dot :0.07936507 Ymin :0 max :20 INIT TRIG STD STO RCL
Der dot-Wert wird automatisch vorgegeben, sodass Sie mit ▼ zur Eingabe der Werte für die y-Achse vorspringen können. Für die y-Achse ergeben sich, wenn man die Aufgabenteile c) und d) berücksichtigt, ein Minimalwert (`Ymin`) von 0, ein Maximalwert (`max`) von 4 und ein Strichabstand (`scale`) von 1. Geben Sie auch diese Werte ein und bestätigen Sie jeweils mit EXE.	▼ 0 EXE 4 EXE 1 EXE	Betrachtungsfenster scale:1 dot :0.07936507 Ymin :0 max :4 scale:1 θmin :0 INIT TRIG STD STO RCL
Verlassen Sie das `VIEW-Window`-Menü mit EXIT.	EXIT	Grafikfunkt.:Y= Y1=-0.04X²+0X+1 Y2=0.13X+6 Y3: Y4: Y5: SEL DEL TYPE STYL GMEM DRAW
Und starten Sie nun den Zeichenvorgang mit DRAW (F6).	F6	

Betrachtungsfenster (V-Window)

Sie haben die Funktion $f(x) = -0,04x^2 + 1$ gezeichnet. Sie sehen, dass sie fast so schön aussieht, wie im Original!

Berechnen wir nun die Nullstellen der gerade gezeichneten Funktion!

Berechnen von Nullstellen mit dem Grafik-Solver

	Eingabe	Anzeige
Sie haben gerade eine Funktion gezeichnet und befinden sich noch auf dem Zeichenbildschirm! Nun können Sie mit F5 den Grafik-Solver (G-Solv) aufrufen.	G-Solv F5	ROOT MAX MIN Y-ICPT ISCT ▷
Die Nullstellenberechnung können Sie mit ROOT starten. Drücken Sie hierzu F1.	F1	Y1=-0.04X²+0X+1 ROOT X=5 Y=0
Und damit ist Aufgabenteil b) gelöst. Sie wissen, dass bei x = 5 der f(x)-Wert 0, also der Boden erreicht ist.		

Nullstellen mit G-Solv ROOT

Sie haben die Nullstelle, die sich im Zeichenbereich der Funktion $f(x) = -0,04x^2 + 1$ befindet, ermittelt und das Ergebnis 5 erhalten.:

b) Der Wasserstrahl trifft nach 5 Metern auf dem Boden auf.

c) Berechnung der Nullstellen der veränderten Funktion

Hier sollen die Nullstellen der veränderten Funktion $f(x) = -0,04x^2 + 4$ berechnet werden.

Ändern einer Funktionsgleichung und Berechnen von Nullstellen.

	Eingabe	Anzeige
Verlassen Sie den Zeichenbildschirm mit EXIT.	EXIT	Grafikfunkt.:Y= Y1=-0.04X²+0X+1 [—] Y2=0.13X+6 [····] Y3: [—] Y4: [—] Y5: [—] SEL DEL TYPE STYL MEM DRAW
Sie sehen, dass unsere Funktion bereits ausgewählt ist. Wir müssen also nur noch die +1 in eine +4 ändern! Starten Sie das Editieren der selektierten Funktion mit der ◁-Taste.	◁	Grafikfunkt.:Y= Y1=-0.04X²+0X+1 Y2=0.13X+6 [····] Y3: [—] Y4: [—] Y5: [—] Y r Xt Yt X
Löschen Sie nun mit DEL die 1 und geben Sie eine 4 ein. Bestätigen Sie dann mit EXE.	DEL 4 EXE	Grafikfunkt.:Y= Y1=-0.04X²+0X+4 [—] Y2=0.13X+6 [····] Y3: [—] Y4: [—] Y5: [—] SEL DEL TYPE STYL MEM DRAW

Ändern von Funktionsgleichungen

	Eingabe	Anzeige
Starten Sie das Zeichnen mit DRAW (F6).	F6	
Berechnen Sie nun die sichtbare Nullstelle mit dem Grafik-Solver, in dem Sie diesen mit F5 aufrufen und mit F1 die ROOT-Funktion zum Berechnen von Nullstellen starten!	F5 F1	Y1=-0.04X²+0X+4 ROOT X=10 Y=0

Nullstellen mit G-Solv ROOT

Sie haben die sichtbare Nullstelle der Funktion $f(x) = -0,04x^2 + 4$ *berechnet und den Wert 10 erhalten.*

c) Bei einer Montagehöhe der Düse von vier Metern reicht der Strahl 10 Meter weit.

d) Berechnen von h

Um die Höhe h des Ausgangspunktes des Wasserstrahls bei einer vorgegebenen Reichweite von 7,5 m zu berechnen, erscheint es ratsam, die Gleichung

$-0,04 \cdot 7,50^2 + h = 0$ zu lösen.

Hierzu addieren Sie den Summanden $0,04 \cdot 7,50^2$ auf beiden Seiten der Gleichung.

Sie erhalten dann $h = 0,04 \cdot 7,50^2$.

Direktes Berechnen von Funktionswerten

	Eingabe	Anzeige
Rufen Sie mit der MENU-Taste das Hauptmenü auf und wählen Sie nun mit 1 das RUN-MAT-Menü aus.	MENU 1	Y2(300) 45 Y2(380) 55.4 Y2(460) 65.8 JUMP DEL ▸MAT MATH
Löschen Sie mit DEL SDEL-A den Bildschirm und bestätigen Sie mit F1.	F2 F2 F1	JUMP DEL ▸MAT MATH
Berechnen Sie $0,04 \cdot 7,50^2$.	0 . 0 4 × 7 . 5 x^2 EXE	0.04×7.5² 2.25 JUMP DEL ▸MAT MATH

Bildschirm löschen

Sie haben $0,04 \cdot 7,50^2$ *berechnet.*

d) Damit der Strahl 7,5 m weit reicht, muss die Düse in einer Höhe von 2,25 Metern angebracht werden.

Kapitel 4

Analyse einer Zeit-Weg-Funktion

Differenzialrechnung

Analyse einer Zeit-Weg-Funktion[1]

Max rühmt sich, ein besonders korrekter Autofahrer zu sein. „Gestern", so sagt er, „habe ich für eine 2,5 km lange Ortsdurchfahrt genau 3 Minuten benötigt." Hat sich Max wirklich vollkommen korrekt verhalten oder hat er dabei nur Glück gehabt, dass an manchen Stellen keine Geschwindigkeitskontrolle war?

Die Auswertung des elektronischen Fahrtenbuchs, das die Fahrzeit und die zurückgelegte Strecke speichert, hat ergeben, dass die Zeit-Weg-Funktion durch eine ganzrationale Funktion dritten Grades beschrieben werden kann:

$$f(x) = -\frac{5}{27}x^3 + \frac{5}{6}x^2$$

Zur besseren Übersicht dient diese Skizze:

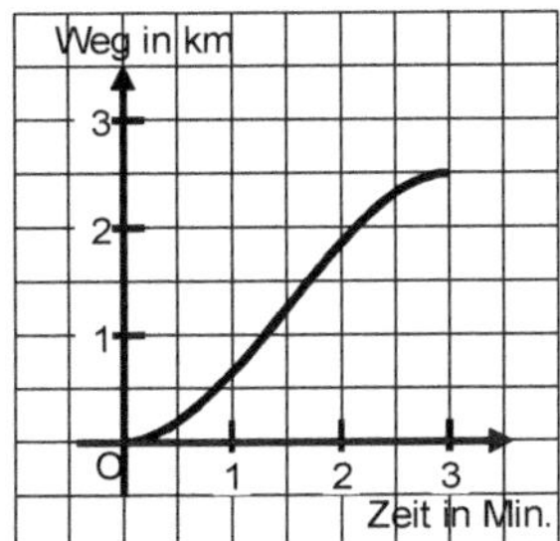

Aufgabenstellung[2]:

a) Fertigen Sie eine Zeichnung der Funktion an.

b) Ermitteln Sie die durchschnittliche Geschwindigkeit für die Ortsdurchfahrt!

c) Berechnen Sie die Durchschnittsgeschwindigkeit zwischen der 1. und der 2,5. Minute.

d) Bestimmen Sie die momentane Geschwindigkeit bei Minute 1.

e) Bestimmen Sie die momentane Geschwindigkeit bei Minute 2,5 mit Hilfe der Ableitungsanzeige.

f) Wann ist Max schneller als 50 km/h gefahren?

g) Max erhält einen Bußgeldbescheid. Dort wird ihm zur Last gelegt, 75 km/h schnell gefahren zu sein. Ermitteln Sie, falls dem so ist, den exakten Zeitpunkt.

1. Die Idee zu dieser Aufgabe entstammt einer Selbstlernaufgabe des SelMa-Modellversuchs.
2. Die Aufgabenstellung habe ich hier, anders als bei SelMa, bewusst kleinschrittig konzipiert, damit ich Ihnen die einzelnen Lösungsschritte mit dem Taschenrechner erläutern kann.

Lösungsstrategie

a) Die Funktion lässt sich einfach im GRAPH-Menü zeichnen.

b) Sie können die durchschnittliche Geschwindigkeit der Ortsdurchfahrt berechnen, indem Sie die beiden Punkte, die den Beginn und das Ende der Ortsdruchfahrt darstellen ermitteln. Jetzt können Sie eine linearer Regression durchführen und die zugehörige Funktionsgleichung ermitteln. Die Steigung dieser Geraden ist dann die durchschnittliche Geschwindigkeit der Ortsdurchfahrt.

c) Hier können Sie im Prinzip genau so vorgehen, nur müssen Sie die beiden Punkte so wählen, dass diese die Koordinaten (1 / $f(1)$) und (2,5 / $f(2,5)$) haben.

d) Sie können sich an die exakte Geschwindikeit „herantasten“, in dem Sie zu dem Punkt (1 / $f(1)$) einen weiteren Punkt wählen, der „etwas“ größer ist und dann wie bei b) und c) die Steigung der Geradengleichung ermitteln. Nach und nach können Sie die Differenz zwischen den beiden Punkten immer kleiner werden lassen.

e) Um diese Aufgabe zu lösen, können Sie sich die Steigung in einem Punkt direkt mit G Solv anzeigen lassen.

f) Hier lassen Sie sich die Ableitungsfunktion zeichnen und ermitteln die Stellen, an denen diese den Wert $\frac{5}{6}$ km/min, was 50 km/h entspricht annehmen.

g) Gehen Sie hier ähnlich vor wie bei f), nur dass der gesuchte Funktionswert jetzt $\frac{5}{4}$ km/min, was 75 km/h entspricht, ist.

a) Erstellen einer Zeichnung

Zum Zeichnen von Funktionsgraphen, und um mit diesen Berechnungen durchzuführen, benutzen Sie das Graph-Menü (GRAPH).

Erstellen einer Zeichnung

	Eingabe	Anzeige
Rufen Sie mit der MENU-Taste das Hauptmenü auf und wählen Sie nun mit 5 das **GRAPH**-Menü (GRAPH).	MENU 5	Grafikfunkt.:Y= Y1=-0.04X²+0X+4 [—] Y2=0.13X+6 [—] Y3: [—] Y4: [—] Y5: [—] SEL DEL TYPE STYL GMEM DRAW
Löschen Sie, falls vorhanden alle dort bereits vorhandenen Funktionen, indem Sie jeweils DEL (F2) wählen und mit F1 bestätigen. Bewegen Sie dann den Cursor mit ▲ auf die erste Eingabeposition (Y1).	F2 F1 ▼ F2 F1 ▲	Grafikfunkt.:Y= Y1: [—] Y2: [—] Y3: [—] Y4: [—] Y5: [—] Y6: [—] SEL DEL TYPE STYL GMEM DRAW
Geben Sie nun die vorgegebene Zeit-Weg-Funktion $f(x) = -\frac{5}{27}x^3 + \frac{5}{6}x^2$ ein und bestätigen Sie mit EXE.	(−) 5 a b/c 2 7 ▶ X,θ,T ^ 3 ▶ + 5 a b/c 6 ▶ X,θ,T x² EXE	Grafikfunkt.:Y= Y1=-$\frac{5}{27}$X³+$\frac{5}{6}$X² [—] Y2: [—] Y3: [—] Y4: [—] Y5: [—] SEL DEL TYPE STYL GMEM DRAW
Sie sehen an dem andersfarbigen Gleichheitszeichen, dass die Funktion bereits zum Zeichnen ausgewählt wurde. Starten Sie nun das Zeichnen mit DRAW (F6).	F6	
Wenn noch die Einstellungen des View-Windows der letzten Aufgabe aktiv sind, sehen Sie das obige Bild. (Andernfalls ein anderes :-) Wir orientieren uns aber an der Aufgabe und der vorgegebenen Zeichnung und wählen im Betrachtungsfenster für x sowie für y den Bereich von 0 bis 3 mit einer Skalierung von 1 aus.	V-Window F3 0 EXE 3 EXE 1 EXE ▼ 0 EXE 3 EXE 1 EXE	Betrachtungsfenster scale:1 dot :0.02380952 Ymin :0 max :3 scale:1 θmin :0 INIT TRIG STD STO RCL
Sie können die Einstellungen für das View-Window speichern und zwar in einer von sechs hierfür vorgesehenen Speicherstellen. Wählen Sie also mit F4 den STO-Befehl zum Speichern und belegen Sie die Speicherstelle 1.	F4 1	Speichern in V-Win-Speicher V-Win[1~6]: 1 θmin :0 INIT TRIG STD STO RCL

Löschen von Funktionsgleichungen

Auswählen zum Zeichnen

	Eingabe	Anzeige
Bestätigen Sie mit EXE und verlassen Sie das View-Window mit EXIT.	EXE EXIT	Grafikfunkt. :Y= Y1■$-\frac{5}{27}X^3+\frac{5}{6}X^2$ [—] Y2: [—] Y3: [—] Y4: [—] Y5: [—] SEL DEL TYPE STYL GMEM DRAW
Starten Sie nun den Zeichenvorgang mit F6 (DRAW).	F6	

Sie haben die Funktion gezeichnet und somit Aufgabe a) gelöst.

b) Ermitteln von Durchschnittsgeschwindigkeiten (Teil I)

Um die Durchschnittsgeschwindigkeit der Ortsdurchfahrt, also die durchschnittliche Geschwindigkeit zwischen der 0. und der 3. Minute zu berechnen, genügt es eine Gerade zwischen den Punkten (0 / $f(0)$) und (3 / $f(3)$) zu zeichnen.
Die Steigung dieser Geraden ist die durchschnittliche Geschwindigkeit zwischen diesen beiden Punkten. Warum? Die Steigung gibt an, wie stark sich ein Funktionswert verändert. Ist die Steigung groß verändert sich der Funktionswert der Funktion, welche in Abhängigkeit der Zeit den zurückgelegten Weg ermittelt ziemlich stark. Und genau das ist Geschwindigkeit! Die Änderungsrate einer Zeit-Weg-Funktion.
Der Funktionswert an der Stelle 0 ist 0, das sehen Sie bereits an der Zeichnung und ist auch logisch einsichtig: Max hat nach 0 Minuten 0 km Wegstrecke zurückgelegt. Damit liegt der erste Punkt der Geraden bei (0 / 0). Der Funktionswert an der Stelle 3 ist auch bereits aus der Aufgabenstellung bekannt, denn der zurückgelegte Weg nach 3 Minuten beträgt 2,5 km. Also ist $f(3) = 2,5$ und der zweite Punkt somit (3 / 2,5).
Mit diesen Angaben lässt sich nun eine Regressionsrechnung durchführen, deren Ergebnis die Funktionsgleichung der gesuchten Gerade ist. Und ... die Steigung dieser Geraden lässt sich anhand der Vorzahl (= Koeffizient) von x ermitteln.

Durchführen einer Regressionsrechnung

Löschen von Listen

	Eingabe	Anzeige
Rufen Sie mit der MENU-Taste das Hauptmenü auf. Und wählen Sie mit 2 das STAT-Menü (STAT).	MENU 2	List 1 List 2 List 3 List 4 / SUB / 1: 0, 1 / 2: 2, 0.84 / 3: -2, 0.84 / 4 / GRPH CALC TEST INTR DIST ▷
Möglicherweise sehen Sie noch die Einträge der vorherigen Aufgabe in `List 1` und `List 2`. Diese müssen natürlich gelöscht werden! Dies geschieht am leichtesten mit der Befehlsfolge ▷ DEL·A (=delete-all).	F6 F4	Liste löschen? Ja :[F1] Nein:[F6] / TOOL EDIT DEL DEL·A INS ▷
Bestätigen Sie das Löschen von `List 1`, wiederholen Sie den Vorgang für `List 2` und gehen Sie mit dem Cursor zurück in die Ausgangsposition.	F1 ▷ F4 F1 ◁	List 1 List 2 List 3 List 4 / SUB / 1 / 2 / 3 / 4 / TOOL EDIT DEL DEL·A INS ▷

	Eingabe	Anzeige
Geben Sie nun die Koordinaten der beiden bekannten Punkte (0/0) und (3/2,5) ein.	0 EXE ▷ 0 EXE ◁ 3 EXE ▷ 2 • 5 EXE	List 1 List 2 List 3 List 4 SUB 1 0 0 2 3 2.5 3 4 TOOL EDIT DEL DEL·A INS ▷
Begeben Sie sich mit F6 (▷) wieder in das erste Menü. Von eben wissen Sie noch, dass Sie nun eine lineare Regression mit der Befehlsfolge CALC REG x aX+b auslösen können!	F6 F2 F3 F1 F1	Lineare Regr.(ax+b) a =0.83333333 b =0 r =1 r²=1 MSe= y=ax+b COPY
Damit haben Sie die Funktionsgleichung der Gerade zwischen den Punkten (0/0) und (3/2,5) mit einer exakten Genauigkeit ($r^2 = 1$) bestimmt. Sie lautet: $f(x) = 0,8\bar{3}x$. Kopieren Sie nun diese Funktionsgleichung mit COPY (F6) direkt ins GRAPH-Menü!	F6	Grafikfunktion $Y1=-\frac{5}{27}X^3+\frac{5}{6}X^2$ [—] Y2: [—] Y3: [—] Y4: [—] Y5: [—]
Wählen Sie mit ▽ den Platz für die zweite Funktionsgleichung (Y2) aus und bestätigen Sie mit EXE.	▽ EXE	Lineare Regr.(ax+b) a =0.83333333 b =0 r =1 r²=1 MSe= y=ax+b COPY
Lassen Sie sich nun im GRAPH-Menü beide Funktionen zeichnen. Wechseln Sie dazu mit MENU 5 ins GRAPH-Menü und selektieren mit ▽ F1, (SEL) die zweite Funktionsgleichung (Y2) zum Zeichnen. Sie bemerken, dass sich die Hintergrundfarbe des Gleichheitszeichens geändert hat. Starten Sie nun mit F6 (DRAW) den Zeichenvorgang.	MENU 5 ▽ F1 F6	
Sie sehen, dass die Gerade korrekt berechnet wurde. Der Koeffizient (= die Vorzahl) von x ist $0,8\bar{3}$. Wenn Sie sich diesen als Bruch darstellen lassen wollen, so können Sie diese Umwandlung im RUN-MAT Menü (RUN·MAT) vornehmen. Wählen Sie dazu dieses Menü mit MENU 1 aus.	MENU 1	0.04×7.5² 2.25 JUMP DEL ▶MAT MATH
Wenn Sie den Bildschirm löschen möchten, können Sie das mit der Befehlsfolge DEL DEL·A (F2 F2) und Bestätigung mit F1 erledigen.	F2 F2 F1	JUMP DEL ▶MAT MATH

lineare Regression

exakte Lösung

Kopieren einer Funktionsgleichung mit COPY

GRAPH

RUN·MAT

Bildschirm löschen

CATALOG

Zugriff auf Lösungen der Regressionsrechnung

umwandeln eines Bruchs

	Eingabe	Anzeige
Rufen Sie nun den eben berechneten Parameter a der Regressionsrechnung auf. Dies geschieht am einfachsten mit der CATALOG-Funktion, welche Sie mit SHIFT 4 erreichen.	SHIFT 4	Katalog RightYmax RightYmin RightYscl Rmdr Rnd RndFix(INPUT CTGY
Sie sehen, dass möglicherweise der Befehl von eben immer noch vorselektiert ist. In diesem Fall brauchen wir aber ein A, was Sie mit X,θ,T eingeben können.	X,θ,T	Katalog a(Reg) [A] ▸a+bi a_0 a_1 a_2 INPUT CTGY
Der gesuchte Parameter a der Regression ist bereits selektiert, sodass Sie ihn nur mit EXE bestätigen müssen und mit abermaligen EXE die dezimale Darstellung veranlassen.	EXE EXE	a 0.8333333333 JUMP DEL ▸MAT MATH
Wählen Sie die Umwandlung in einen Bruch mit F↔D aus.	F↔D	a $\frac{5}{6}$ JUMP DEL ▸MAT MATH
Die berechnete Steigung ist in der Einheit „Kilometer pro Minute“ angegeben. Um die gewohnte Einheit „Kilometer pro Stunde“ zu erhalten, multiplizieren Sie das Ergebnis mit 60.	× 6 0 EXE	a $\frac{5}{6}$ Ans×60 50 JUMP DEL ▸MAT MATH

Sie haben die durchschnittliche Geschwindigkeit für die Ortsdurchfahrt berechnet und als Ergebnis 50 km/h erhalten.

b) Die durchschnittliche Geschwindigkeit für die Ortsdurchfahrt beträgt 50 km/h. Bedeutet dies, dass sich Max immer an die Geschwindigkeitsbegrenzung gehalten hat?

c) Ermitteln von Durchschnittsgeschwindigkeiten (Teil II)

Die Durchschnittsgeschwindigkeit zwischen der 1. und der 2,5. Minute ergibt sich aus der Steigung der Geraden, welche die beiden Punkte $(1\ /\ f(1))$ und $(2{,}5\ /\ f(2,5))$ verbindet. Wir können also wie eben vorgehen und eine lineare Regression rechnen. Hierzu müssen wir aber zunächst die Funktionswerte an der Stelle 1 und 2,5 berechnen. Hierbei hilft die Zeichnung zu Aufgabenteil a), aus der wir mit der G-Solv-Funktion die Funktionswerte ablesen können.

Ermitteln von Funktionswerten mit G-Solv und verwenden der Ergebnisse für eine lineare Regression

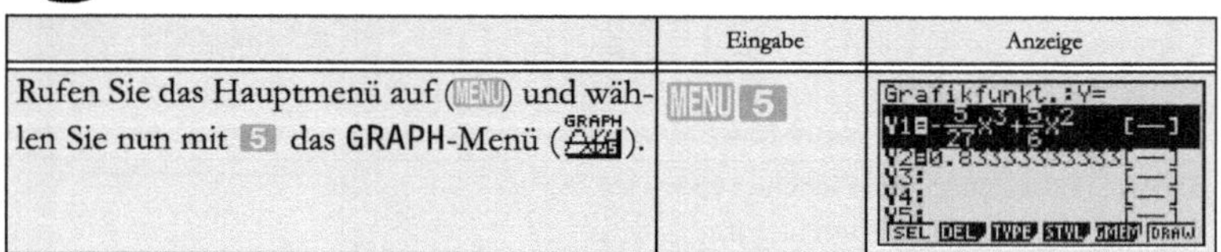

	Eingabe	Anzeige
Rufen Sie das Hauptmenü auf (MENU) und wählen Sie nun mit 5 das GRAPH-Menü (GRAPH).	MENU 5	Grafikfunkt. :Y= $Y1 = -\frac{5}{27}x^3 + \frac{5}{6}x^2$ [—] Y2 = 0.8333333333 [—] Y3: [—] Y4: [—] Y5: [—] SEL DEL TYPE STYL GMEM DRAW

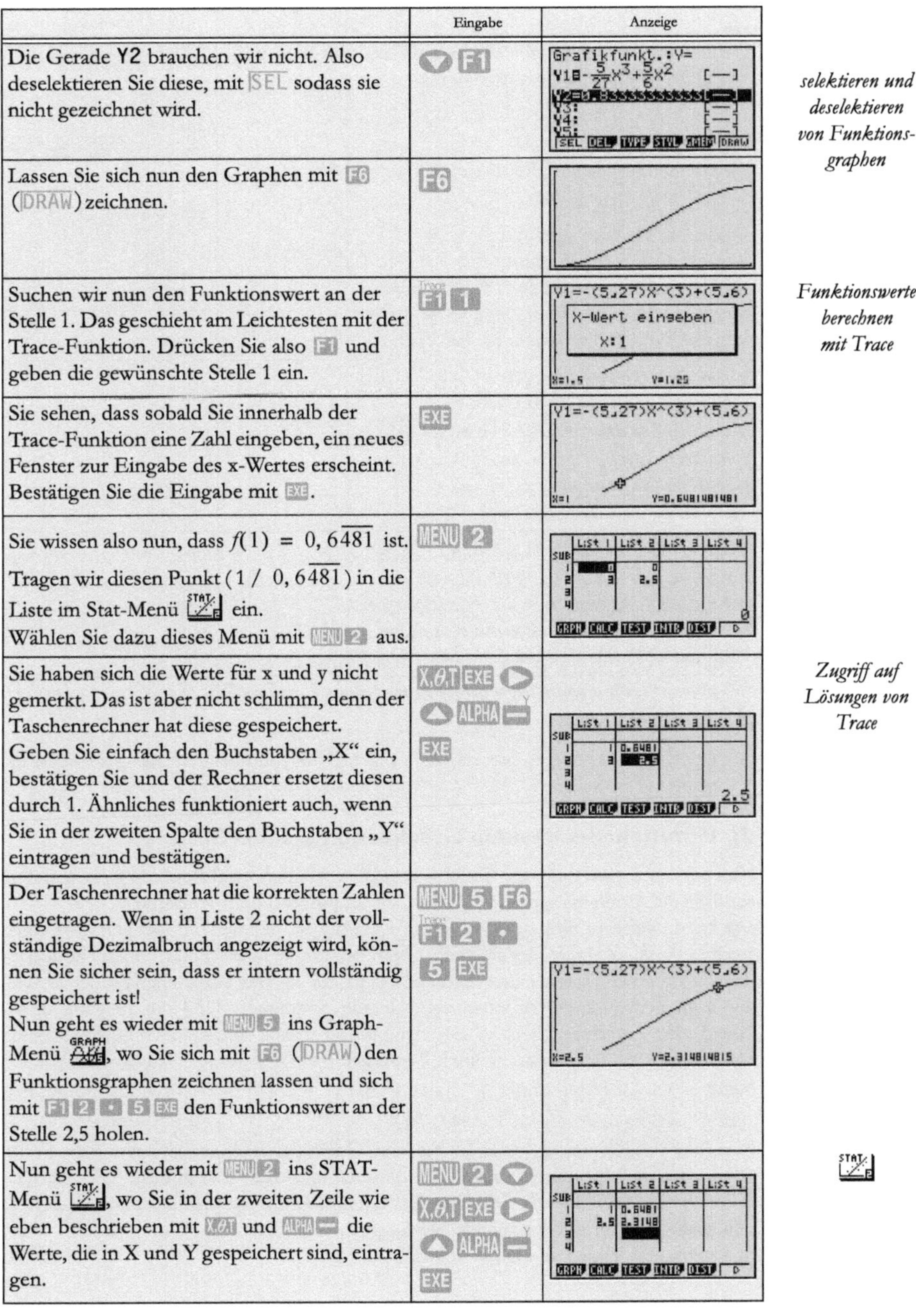

	Eingabe	Anzeige
Die Gerade **Y2** brauchen wir nicht. Also deselektieren Sie diese, mit SEL sodass sie nicht gezeichnet wird.	▽ F1	
Lassen Sie sich nun den Graphen mit F6 (DRAW) zeichnen.	F6	
Suchen wir nun den Funktionswert an der Stelle 1. Das geschieht am Leichtesten mit der Trace-Funktion. Drücken Sie also F1 und geben die gewünschte Stelle 1 ein.	F1 1	
Sie sehen, dass sobald Sie innerhalb der Trace-Funktion eine Zahl eingeben, ein neues Fenster zur Eingabe des x-Wertes erscheint. Bestätigen Sie die Eingabe mit EXE.	EXE	
Sie wissen also nun, dass $f(1) = 0,6\overline{481}$ ist. Tragen wir diesen Punkt $(1 / 0,6\overline{481})$ in die Liste im Stat-Menü STAT ein. Wählen Sie dazu dieses Menü mit MENU 2 aus.	MENU 2	
Sie haben sich die Werte für x und y nicht gemerkt. Das ist aber nicht schlimm, denn der Taschenrechner hat diese gespeichert. Geben Sie einfach den Buchstaben „X“ ein, bestätigen Sie und der Rechner ersetzt diesen durch 1. Ähnliches funktioniert auch, wenn Sie in der zweiten Spalte den Buchstaben „Y“ eintragen und bestätigen.	X,θ,T EXE ▷ △ ALPHA − EXE	
Der Taschenrechner hat die korrekten Zahlen eingetragen. Wenn in Liste 2 nicht der vollständige Dezimalbruch angezeigt wird, können Sie sicher sein, dass er intern vollständig gespeichert ist! Nun geht es wieder mit MENU 5 ins Graph-Menü GRAPH, wo Sie sich mit F6 (DRAW) den Funktionsgraphen zeichnen lassen und sich mit F1 2 • 5 EXE den Funktionswert an der Stelle 2,5 holen.	MENU 5 F6 F1 2 • 5 EXE	
Nun geht es wieder mit MENU 2 ins STAT-Menü STAT, wo Sie in der zweiten Zeile wie eben beschrieben mit X,θ,T und ALPHA − die Werte, die in X und Y gespeichert sind, eintragen.	MENU 2 ▽ X,θ,T EXE ▷ △ ALPHA − EXE	

selektieren und deselektieren von Funktionsgraphen

Funktionswerte berechnen mit Trace

Zugriff auf Lösungen von Trace

STAT

	Eingabe	Anzeige
Geben Sie nun, wie gehabt, die Befehlsfolge CALC REG x aX+b ein.	F2 F3 F1 F1	Lineare Regr.(ax+b) a =1.11111111 b =-0.4629629 r =1 r²=1 MSe= y=ax+b COPY
Sie erhalten mit der Funktionsgleichung $f(x) = 1,\bar{1}x - 0,\overline{4629}$ wieder ein exaktes Ergebnis. Kopieren Sie dieses Ergebnis mit COPY (F6) wieder an die zweite Stelle (Y2) der Funktionsgleichungen im Graph-Menü. (Sie überschreiben damit die Gleichung von eben.)	F6 ▽ EXE	Lineare Regr.(ax+b) a =1.11111111 b =-0.4629629 r =1 r²=1 MSe= y=ax+b COPY
GRAPH Lassen Sie sich nun, wie gehabt, im GRAPH-Menü beide Gleichungen zeichnen. Wechseln Sie also ins GRAPH-Menü GRAPH, selektieren mit ▽ F1 die zweite Funktionsgleichung (Y2) und starten Sie mit F6 (DRAW) den Zeichenvorgang.	MENU 5 ▽ F1 F6	
RUN-MAT CATALOG Wechseln Sie ins RUN-MAT Menü (RUN-MAT), holen Sie sich die Steigung (Parameter a) mit der CATALOG-Funktion aus dem Speicher und multiplizieren Sie diese mit 60 um ein Ergebnis in km/h zu erhalten.	MENU 1 SHIFT CATALOG 4 EXE × 6 0 EXE	3/6 Ans×60 50 a×60 66.66666667 JUMP DEL ▸MAT MATH

Sie haben die Durchschnittsgeschwindigkeit zwischen der 1. und der 2,5. Minute berechnet und das Ergebnis $66,\bar{6}$ *erhalten.*

c) Die Durchschnittsgeschwindigkeit zwischen der 1. und der 2,5. Minute beträgt gerundet 66,67 km/h.

d) Ermitteln der exakten Geschwindigkeit bei Minute 1

Nun geht es darum nicht die Geschwindigkeit zwischen **zwei** Punkten zu berechnen, sondern die Momentangeschwindigkeit, die an **einem** Punkt vorherrscht.
Um schrittweise zu diesem einen Punkt zu gelangen, nehmen wir uns zunächst einen zweiten Punkt zur Hilfe, der ein kleines bisschen größer ist als dieser Punkt. Dann können wir zwischen diesem einen Punkt und dem, der ein kleines bisschen größer ist, wieder nach dem Muster von eben eine Gerade bestimmen. Und die Steigung dieser Gerade (der Koeffizient von x) wäre dann schon einmal eine ziemlich gute Näherung für die Steigung, die in diesem einen Punkt gilt.
Nehmen wir als ersten Punkt (klar) den Punkt $(1\ /\ f(1))$ und als zweiten Punkt, den „etwas" größeren Punkt $(1,1\ /\ f(1,1))$.
Nun folgt das Prozedere von eben: Nur den Graph f(x) zeichnen lassen und die Funktionswerte an den Stellen 1 und 1,1 bestimmen und dann jeweils die x- und die f(x)-Werte in die STAT-Tabelle eintragen. Dann mit Reg eine Gerade berechnen, wobei das a (Koeffizient von x) die gesuchte Steigung ist. Wird diese mit 60 multipliziert, so erhalten wir eine Geschwindigkeit in km/h. Auf geht´s!

Berechnen der y-Werte bei vorgegebenen x-Wert und Berechnen der Steigung zwischen zwei Punkten

	Eingabe	Anzeige
Wechseln Sie wieder in das Graph-Menü und deselektieren Sie zunächst mit SEL Y2. Zeichnen Sie dann nur den Graphen der ersten Funktion mit DRAW und berechnen Sie den Funktionswert an der Stelle 1,1.	MENU 5 ▽ F1 F6 F1 1 . 1 EXE	Y1=-(5.27)X^(3)+(5.6) X=1.1 Y=0.7618518519
Die berechneten Werte sind in den Variablen X und Y gespeichert. Diese müssen nun in der 2. Zeile der STAT-Tabelle im STAT-Menü eingetragen werden. (Der Funktionswert an der Stelle 1 befindet sich noch von eben in der 1. Zeile.)	MENU 2 ▽ X,θ,T EXE ▷ △ ALPHA – EXE	List 1, List 2, List 3, List 4; 1: 1, 0.6481; 2: 1.1, 0.7618
Nun die Berechnung der Geradengleichung mit der Befehlsfolge CALC REG X aX+b starten und diese mit F6 (COPY) ▽ EXE als zweite Funktion im Graph-Menü speichern.	F2 F3 F1 F1 F6 ▽ EXE	Lineare Regr.(ax+b) a =1.13703703 b =-0.4888888 r =1 r²=1 MSe= y=ax+b COPY
Lassen Sie sich nun im GRAPH-Menü die **beiden** Graphen (Y2 mit SEL wieder selektieren) zur Kontrolle mit DRAW einmal zeichnen!	MENU 5 ▽ F1 F6	
Sie können vielleicht gerade noch erkennen, dass die Gerade durch den Punkt $(1\ /\ 0{,}6\overline{481})$ geht. Aufgrund der Auflösung ist es aber auch mit der Zoom-Funktion nicht möglich, hier sinnvoll zu zeigen, dass der zweite Schnittpunkt bei $(1{,}1\ /\ 0{,}76\overline{185})$ liegt. Das ist aber auch nicht wichtig. Schließlich interessiert uns die Steigung a, welche im RUN-MAT-Menü mit 60 multipliziert die Geschwindigkeit zwischen der 1. und 1,1. Minute in km/h darstellt.	MENU 1 SHIFT 4 EXE × 6 0 EXE	Ans×60 50; a×60 66.66666667; a×60 68.22222222

Sie haben mittels Regression eine erste Näherung, nämlich den Wert $68{,}\overline{2}$, für die Geschwindigkeit an der Stelle 1 erhalten.

Die erste Näherung besagt, dass die Geschwindigkeit bei einer Minute ungefähr 68,2 km/h beträgt.

Das Ergebnis lässt sich verbessern, indem Sie statt mit dem Punkt (1,1 / $f(1,1)$) mit dem Punkt (1,001 / $f(1,001)$) arbeiten.

Die Verfahrensweise ist genau so wie eben. Sie brauchen aber nun nicht mehr $f(1)$ zu berechnen und einzutragen, da dieser Wert ja gleich bleibt. Außerdem ist es nicht sinnvoll, die erhaltene Gerade zu zeichnen. Schließlich interessiert als Steigung bzw. Geschwindigkeit nur der Koeffizient a.

Berechnen der y-Werte bei vorgegebenen x-Wert Berechnen der Steigung zwischen zwei Punkten

	Eingabe	Anzeige
Wechseln Sie wieder ins Graph-Menü GRAPH, deselektieren Sie Y2 wieder mit SEL, zeichnen Sie den Graphen mit DRAW und berechnen mit Trace den Funktionswert an der Stelle 1,001.	MENU 5 ▽ F1 F6 F1 1 . 0 0 1 EXE	Y1=-(5.27)X^(3)+(5.6) X=1.001 Y=0.6492595369
Überschreiben Sie die 2. Zeile der Tabelle im STAT-Menü STAT mit diesen Werten.	MENU 2 ▽ X,θ,T EXE ▷ △ ALPHA − EXE	List 1, List 2, List 3, List 4; 1: 1, 0.6481; 2: 1.001, 0.6492; GRPH CALC TEST INTR DIST ▷
Berechnen Sie die Geradengleichung mit der Befehlsfolge CALC REG X aX+b. Wechseln Sie ins RUN MAT Menü (RUN-MAT) und multiplizieren Sie die Steigung a mit dem Faktor 60, um die Geschwindigkeit in km/h zu erhalten.	F2 F3 F1 F1 MENU 1 SHIFT 4 EXE × 6 0 EXE	a×60 66.66666667 a×60 68.22222222 a×60 66.68332222 JUMP DEL ▶MAT MATH

Sie haben die Näherung von eben verbessert und als Ergebnis 66,6833$\overline{2}$ erhalten.

Die zweite Näherung besagt, dass die Geschwindigkeit bei einer Minute ungefähr 66,683 km/h beträgt.

Das Ergebnis lässt sich verbessern, indem Sie statt mit dem Punkt (1,001 / $f(1,001)$) mit dem Punkt (1,00001 / $f(1,00001)$) arbeiten.

Berechnen der y-Werte bei vorgegebenen x-Wert und Berechnen der Steigung zwischen zwei Punkten

	Eingabe	Anzeige
Im GRAPH-Menü GRAPH zeichnen Sie nun mit DRAW den Graphen der ersten Funktion und berechnen mit Trace den Funktionswert an der Stelle 1,00001.	MENU 5 F6 F1 1 . 0 0 0 0 1 EXE	Y1=-(5.27)X^(3)+(5.6) X=1.00001 Y=0.6481592593
Überschreiben Sie im STAT-Menü STAT die 2. Zeile der STAT-Tabelle mit diesen Werten.	MENU 2 ▽ X,θ,T EXE ▷ △ ALPHA − EXE	List 1, List 2, List 3, List 4; 1: 1, 0.6481; 2: 1, 0.6481; GRPH CALC TEST INTR DIST ▷

	Eingabe	Anzeige
Seien Sie unbesorgt, wenn Sie im Display nur die gerundeten Werte sehen. Intern rechnet Ihr Taschenrechner mit allen Dezimalstellen. Sie können sich gerne den ganzen Wert anzeigenlassen, indem Sie mit dem Cursor ▲ auf die angezeigte **0.6481** gehen.	▲	List 1 | List 2 | List 3 | List 4; SUB; 1 | 1 | 0.6481; 2 | 1 | 0.6481; 3; 4; 0.6481592593; GRPH CALC TEST INTR DIST ▷
Berechnen Sie die Geradengleichung mit der Befehlsfolge CALC REG x aX+b. Wechseln Sie ins RUN-MAT Menü (RUN·MAT) und multiplizieren Sie die Steigung a mit dem Faktor 60, um die Geschwindigkeit in km/h zu erhalten.	F2 F3 F1 F1 MENU 1 SHIFT 4 EXE × 6 0 EXE	a×60 68.22222222; a×60 66.68332222; a×60 66.66683333; JUMP DEL ▶MAT MATH

Sie haben die Näherung von eben abermals verbessert und als Ergebnis 66,6668$\overline{3}$ erhalten.

Führen Sie die Berechnung noch einmal mit (1,0000001 / *f*(1, 0000001)) als zweiten Punkt durch!

Berechnen der y-Werte bei vorgegebenen x-Wert und Berechnen der Steigung zwischen zwei Punkten

	Eingabe	Anzeige
Im GRAPH-Menü (GRAPH) können Sie sich nun mit DRAW den Graphen der ersten Funktion zeichnen lassen. Berechnen Sie dann mit Trace den Funktionswert an der Stelle 1,0000001.	MENU 5 F6 F1 1 • 0 0 0 0 0 0 1 EXE	Y1=-(5⌟27)X^(3)+(5⌟6); X=1.0000001 Y=0.6481482593
Überschreiben Sie nun in (STAT) die 2. Zeile der STAT-Tabelle mit diesen Werten.	MENU 2 ▼ X,θ,T EXE ▶ ▲ ALPHA − EXE	List 1 | List 2 | List 3 | List 4; SUB; 1 | 1 | 0.6481; 2 | 1 | 0.6481; 3; 4; GRPH CALC TEST INTR DIST ▷
Berechnen Sie die Geradengleichung mit der Befehlsfolge CALC REG x aX+b. Wechseln Sie ins RUN-MAT Menü (RUN·MAT) und multiplizieren Sie die Steigung a mit dem Faktor 60 um die Geschwindigkeit in km/h zu erhalten.	F2 F3 F1 F1 MENU 1 SHIFT 4 EXE × 6 0 EXE	a×60 66.68332222; a×60 66.66683333; a×60 66.6666666; JUMP DEL ▶MAT MATH

Sie haben die Näherung von eben ein letztes Mal verbessert und als Ergebnis 66,$\overline{6}$ erhalten.

Wenn wir unsere Ergebnisse einmal zusammenfassen, lässt sich folgende Übersicht erstellen:

x-Wert von P2	1,1	1,001	1,00001	1,0000001
km/h	68,2	66,68332	66,66683	66,6666666

Je näher der x-Wert von P2 an den x-Wert von P1 „heranrückt", um so mehr nähert sich die Geschwindigkeit dem Wert von 66,$\overline{6}$ km/h.

Und das ist in der Tat richtig (einen mathematischen Beweis möchte ich an dieser Stelle nicht führen).

Und nun die gute Nachricht: Wir können den Taschenrechner so einstellen, dass er uns in G-Solv neben dem x- und y-Wert auch immer die Steigung anzeigt.

Dieser Wert nennt sich dann **Ableitung** von $f(x)$ an der Stelle x.

Probieren wir das einmal aus!

Anzeigen der Steigung in G-Solv

Ableitung anzeigen lassen

	Eingabe	Anzeige
Rufen Sie das Graph-Menü GRAPH auf.	MENU 5	Grafikfunkt. :Y= Y1$\blacksquare -\frac{5}{27}x^3+\frac{5}{6}x^2$ [—] Y2=1.13703703703[—] Y3: [—] Y4: [—] Y5: [—] SEL DEL TYPE STYL GMEM DRAW
Lassen Sie sich mit SHIFT MENU den SETUP-Bereich für das Graph-Menü anzeigen.	SHIFT MENU (SETUP)	Input/Output :Math Draw Type :Connect Ineq Type :And Graph Func :On Dual Screen :Off Simul Graph :Off Derivative :Off Math Line
In der letzten Zeile dieser Bildschirmanzeige finden Sie den Punkt `Derivative`, was so viel wie **„Ableitung"** bedeutet. Bewegen Sie sich mit dem Cursor auf diese Position und wählen Sie mit F1 die Option „`On`".	6 mal ▽ F1	Input/Output :Math Draw Type :Connect Ineq Type :And Graph Func :On Dual Screen :Off Simul Graph :Off Derivative :On On Off
Verlassen Sie den SETUP-Bereich mit EXIT und lassen Sie sich den Graphen mit DRAW zeichnen.	EXIT F6	
Noch sehen Sie keinen Unterschied. Aber lassen Sie sich einmal mit Trace die Stelle x = 1 zeigen!	F1 (Trace) 1 EXE	Y1=-(5⁄27)X^(3)+(5⁄6) dY/dX=1.1111 X=1 Y=0.6481481481
Sie sehen, dass sich nun oberhalb der Anzeige des y-Wertes ein Wert mit der Bezeichnung „`dY/dX=`" befindet. Dies symbolisiert die Ableitung, oder auch die Steigung im angezeigten Punkt (x / $f(x)$).		

Sie haben durch eine einfache Änderung im Setup-Bereich des Graph-Menüs erreicht, dass zukünftig bei G-Solv auch immer die Steigung (=Ableitung) angezeigt wird. An der Stelle 1 beträgt die Steigung $1,\overline{1}$. Wird dieser Wert mit 60 multipliziert, ergibt sich eine momentane Geschwindigkeit von $66,\overline{6}$ km/h in der ersten Minute.

d) Die momentane Geschwindigkeit beträgt nach einer Minute 66,67 km/h (auf zwei Nachkommastellen gerundet).

e) Ermitteln der momentanen Geschwindigkeit bei Minute 2,5

Dieser Aufgabenteil ist mit den Kenntnissen des vorigen Aufgabenteils recht einfach:

Anzeigen der Steigung in G-Solv

	Eingabe	Anzeige
Sie befinden sich noch im Trace-Modus. Geben Sie nun einfach die gewünschte Stelle 2,5 ein und bestätigen Sie mit EXE.	2 • 5 EXE	Y1=-(5÷27)X^(3)+(5÷6) X=2.5 dY/dX=0.6944 Y=2.314814815
Sie sehen, dass die Ableitung an der Stelle 2,5 0,6944 beträgt. Dieser Wert wird allerdings intern nicht gespeichert. Um also eine Lösung in km/h zu erhalten, müssen Sie sich diesen Wert merken, im RUN-MAT-Menü RUN-MAT erneut eingeben und mit 60 multiplizieren.	MENU 1 0 • 6 9 4 4 × 6 0 EXE	a×60 66.66683333 a×60 66.6666666 0.6944×60 41.664 JUMP DEL ▶MAT MATH

RUN-MAT

Sie haben die Trace-Funktion benutzt, um die Ableitung an der Stelle 2,5 zu berechnen und als Ergebnis 0,6944 erhalten. Dieses Ergebnis muss dann mit 60 multipliziert werden, um ein Ergebnis in der Einheit km/h zu erhalten.

e) Die momentane Geschwindigkeit beträgt nach 2,5 Minuten 41,664 km/h.

f) Bestimmen der Stellen, an denen exakt 50 km/h gefahren wurde

50 km/h entsprechen $\frac{5}{6}$ km/min. Um also zu bestimmen, an welchen Stellen Max genau 50 km/h gefahren ist, muss festgestellt werden, an welchen Stellen die Ableitung gleich $\frac{5}{6}$ ist.

Das tolle an dem Grafikrechner ist, dass Sie sich die Ableitungsfunktion zeichnen lassen können und dann mit G-Solv feststellen können, an welcher Stelle diese gleich $\frac{5}{6}$ ist. Und hierbei brauchen Sie die konkrete Funktionsgleichung der Ableitungsfunktion nicht zu kennen!

Zeichnen der Ableitungsfunktion und Berechnungen mit G-Solv

	Eingabe	Anzeige
Wechseln Sie mit MENU 5 in das GRAPH-Menü GRAPH und löschen Sie mit ▼ F2 (DEL) F1 die zweite Gleichung.	MENU 5 ▼ F2 F1	Grafikfunkt.:Y= Y1=$-\frac{5}{27}X^3+\frac{5}{6}X^2$ [—] Y2: Y3: Y4: Y5: SEL DEL TYPE STYL MEM DRAW
Drücken Sie nun die OPTN-Taste und wählen Sie mit F2 F1 (CALC d/dx) den Differenzialoperator aus. Dieser ist dafür zuständig, eine Ableitungsfunktion zu berechnen.	OPTN F2 F1	Grafikfunkt.:Y= Y1=$-\frac{5}{27}X^3+\frac{5}{6}X^2$ [—] Y2=$\frac{d}{dx}(\square)\|_{x=\square}$ Y3: Y4: Y r Xt Yt X

GRAPH

Löschen von Funktionsgleichungen

Ableitung berechnen Differenzialoperator

	Eingabe	Anzeige
Der Cursor befindet sich nun in der Klammer. Hier muss eingetragen werden, von was die Ableitung berechnet werden soll. In diesem Fall ist das die Funktion Y1. Und genau das wird mit der Tastenfolge F1 1 hier eingetragen.	F1 1	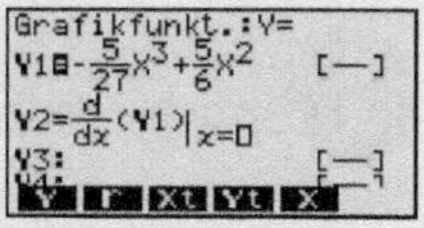 Grafikfunkt.:Y= Y1■-5/27x³+5/6x² [—] Y2=d/dx(Y1)|x=□ Y3: [—] Y4: Y r Xt Yt X
Ableitungsfunktion zeichnen Zum x= gelangt man mit ▷. Hier wird einfach ein x eingetragen und die Eingabe mit EXE bestätigt.	▷ X,θ,T EXE	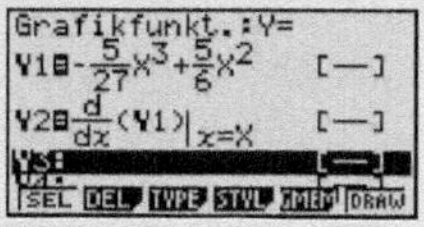 Grafikfunkt.:Y= Y1■-5/27x³+5/6x² [—] Y2■d/dx(Y1)|x=X [—] Y3: Y4: SEL DEL TYPE STYL MEM DRAW
Nun muss noch die Originalfunktion (Y1) mit SEL vom Zeichnen ausgenommen werden und dann kann mit DRAW (F6) gezeichnet werden! Weil der Taschenrechner hier mehr „rechnen" muss, dauert das Zeichen ein wenig länger als gewohnt!	2 mal △ F1 F6	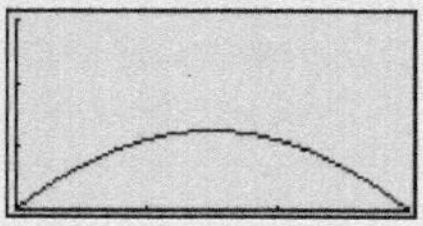
Sie sehen anhand der Kurvenform, dass es sich anscheinend um eine quadratische Funktion handelt (und das kann auch gezeigt werden, wenn Sie die Ableitungsfunktion „von Hand" bestimmen). Aber das ist hier nicht nötig und Sie können G-Solv mit F5 aufrufen.	G-Solv F5	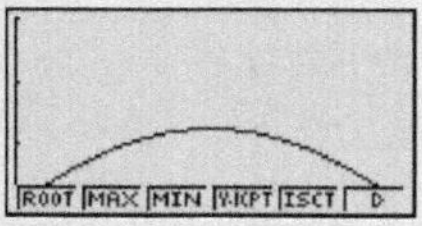 ROOT MAX MIN Y-ICPT ISCT ▷
x-Wert berechnen mit G-Solv X-CAL Den gewünschten Befehl X-CAL erreichen Sie nicht im Hauptmenü, sondern Sie müssen zunächst mit F6 (▷) in das Untermenü wechseln und diesen dann mit F2 (X-CAL) aufrufen.	F6 F2	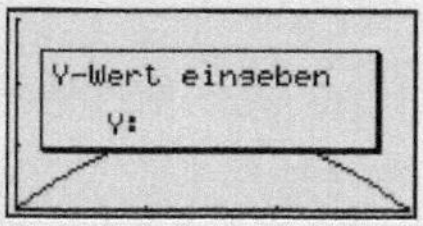 Y-Wert eingeben Y:
Geben Sie nun die gesuchte Geschwindigkeit ($\frac{5}{6}$ km/min) ein.	5 a b/c 6	Y-Wert eingeben Y:5⌟6 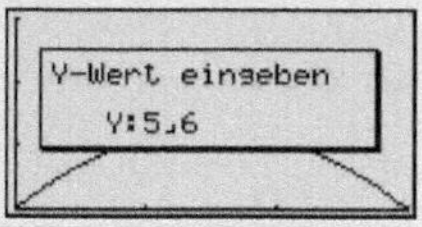
Sie sehen, dass die Darstellung des Bruches in CASIO-typischer Darstellung erfolgt. Bestätigen Sie mit EXE. Der Rechner braucht für diese Berechnung eine Weile...	EXE	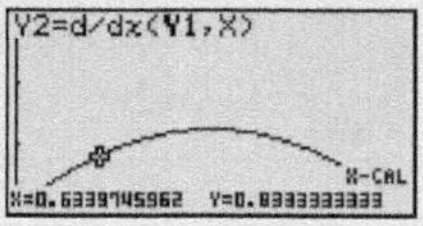 Y2=d/dx(Y1,X) X-CAL X=0.6339745962 Y=0.8333333333

	Eingabe	Anzeige
Sie sehen, dass die Ableitungsfunktion, welche ja die Geschwindigkeit in km/min darstellt an der (gerundeten) Stelle 0,63 den Wert $\frac{5}{6}=0{,}8\overline{3}$ erreicht. Danach wird Max noch schneller und dann wieder langsamer Den zweiten Wert, für den dies gilt, lassen Sie sich einfach mit ▷ anzeigen.	▷	Y2=d/dx(Y1,X) X-CAL X=2.366025404 Y=0.8333333333
Und hier wird der zweite Wert (gerundet 2,37) angezeigt.		

Sie haben ermittelt, wann die Ableitungsfunktion den Wert $\frac{5}{6}$ annimmt, und als Ergebnis die Werte 0,6339745962 und 2,366025404 erhalten.

f) Max ist zwischen 0,63 und 2,37 Minuten schneller als 50 km/h gefahren.

g) Bestimmen der Stelle, an der genau 75 km/h gefahren wurde

Hier müssen Sie nur wissen, dass 75 km/h = $\frac{75}{60} = \frac{5}{4}$ km/min sind.

Sie müssen also ähnlich wie eben mit X-CAL schauen, ob und wenn ja wo die Ableitungsfunktion den Wert $\frac{5}{4}$ erreicht.

Berechnungen mit G-Solv

	Eingabe	Anzeige
Drücken Sie die SHIFT-Taste und wählen Sie wieder in G-Solv (F5) mit ▷ (F6) den X-CAL-Befehl (F2).	SHIFT F5 F6 F2	Y-Wert eingeben Y:
Geben Sie die gesuchte Geschwindigkeit ($\frac{5}{4}$ km/min) ein und bestätigen Sie mit EXE. Der Rechner braucht für diese Berechnung eine Weile …	5 a b/c 4 EXE	Y2=d/dx(Y1,X) X-CAL X=1.499988423 Y=1.25
Sie sehen, dass an der Stelle x = 1,5 die Ableitungsfunktion den Wert $\frac{5}{4}$ = 1,25 annimmt.		

x-Wert berechnen mit G-Solv X-CAL

Die Zeit-Weg-Funktion nimmt an der Stelle 1,5 den Wert $\frac{5}{4}$ an.

g) Max fährt nach 1,5 Minuten 75 km/h schnell.
Er muss also das Bußgeld bezahlen, weil er in der Tat nach 1,5 Minuten 25 km/h zu schnell gefahren ist.

Kapitel 5

Analyse einer Zeit-Geschwindigkeits-Funktion

Integralrechnung

Analyse einer Zeit-Geschwindigkeit-Funktion[1]

Moritz ist LKW-Fahrer. Ein Fahrtenschreiber zeichnet die Geschwindigkeit in Abhängigkeit von der Zeit auf.

Aus Gründen der Lesbarkeit habe ich für die ersten 10 Minuten die Informationen aus der runden Tachoscheibe in ein kartesisches Koordinatensystem übertragen.

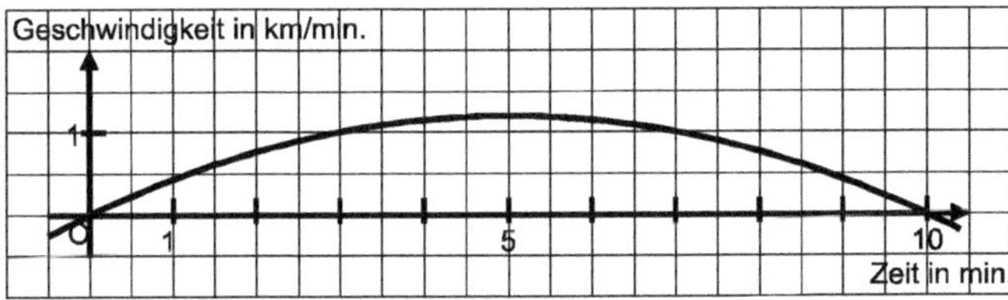

Die Auswertung des obigen Graphen hat ergeben, dass die Zeit-Geschwindigkeit-Funktion durch eine quadratische Funktion beschrieben werden kann:

$$f(x) = -\frac{6}{125}x^2 + \frac{12}{25}x$$

Aufgabenstellung:

a) Ermitteln Sie die Länge der Strecke, die Moritz in 10 Minuten zurückgelegt hat.

b) Welchen Weg hat Moritz nach 2,5 bzw. 7,5 Minuten zurückgelegt?

1. Diese Aufgabe ist eine eigene Weiterentwicklung der vorherigen.

Lösungsstrategie

a) Um hier klar zu sehen, nehmen Sie zunächst einmal an, Moritz sei die ganze Zeit konstant 60 km/h fahren, was exakt 1 km/min entspricht.

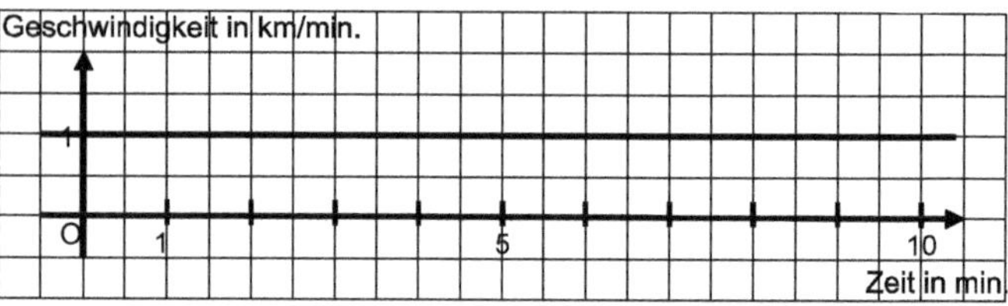

Gefahrene Strecke als Fläche unter der Zeit-Geschwindigkeit-Funktion

Bei einer Geschwindigkeit von 1 km/min fährt Moritz in einer Minute 1 km weit. Bei der gleichen Geschwindigkeit fährt er in 2 Minuten 2 km, in 3 Minuten 3 km usw.

Grafisch gesehen ist dies genau der Flächeninhalt, der horizontal durch die x-Achse und den Funktionsgraph und vertikal durch die y-Achse und die verstrichene Zeit begrenzt ist.

Als Beispiel habe ich die Fläche gekennzeichnet, die sich aufgrund dieses Prinzips nach drei Minuten ergibt.

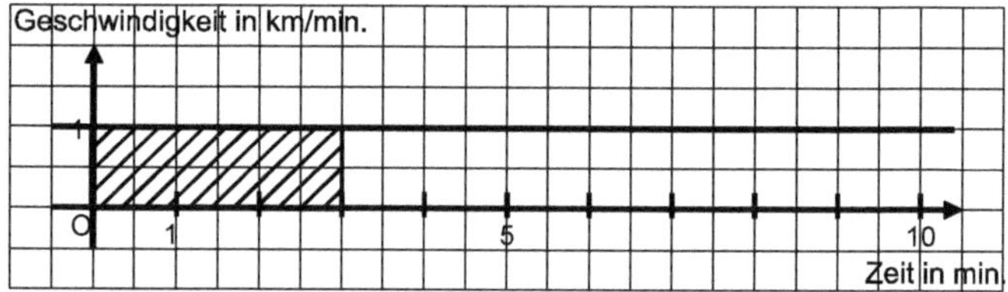

Durch Abzählen der Kästchen können Sie leicht ermitteln, dass der Flächeninhalt exakt 3 Flächeneinheiten beträgt.

Um die Strecke zu ermitteln, die Moritz in 10 Minuten zurückgelegt hat, müssen Sie also lediglich die Fläche bestimmen, die zwischen der x-Achse und dem Funktionsgraphen über dem Intervall [0;10] eingeschlossen wird.

b) Auch hier ist eine Flächenbetrachtung nötig. Betrachten Sie die Fläche zwischen der x-Achse und dem Funktionsgraphen über dem Intervall [0;2,5] bzw. über dem Intervall [0;7,5].

a) Berechnen der Fläche zwischen x-Achse und Funktionsgraph

Um die Berechnung zu vereinfachen, reicht es, die Fläche über dem Intervall [0;5] zu betrachten, da der Graph achsensymmetrisch bezüglich der Spiegelachse an der Stelle x=5 ist.
Da die Fläche zwischen x-Achse und Funktionsgraph nicht gradlinig begrenzt ist, wird die Methode des „Kästchenzählens“ nicht zum gewünschten Ergebnis führen.
Aus diesem Grunde nehmen Sie eine erste grobe Abschätzung mit zwei Rechtecken vor:

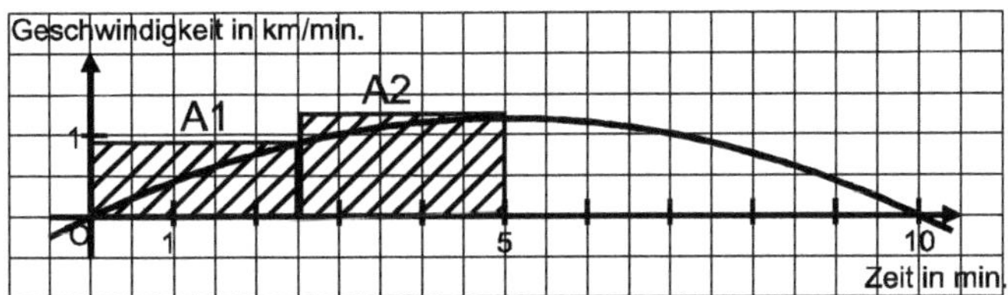

Der angenäherte Flächeninhalt besteht aus den Rechtecken A1 und A2.
Es ergibt sich:

A_f = Breite von A1 · Höhe von A1 + Breite von A2 · Höhe von A2

oder

$$A_f = \frac{5}{2} \cdot f\left(\frac{5}{2}\right) + \frac{5}{2} \cdot f(5)$$

Das Ergebnis lässt sich leicht mit dem Taschenrechner berechnen.
Zunächst muss aber die Funktionsgleichung eingegeben werden!

Eingeben einer Funktionsgleichung

	Eingabe	Anzeige
Wechseln Sie mit MENU 5 in das Graph-Menü GRAPH. Verlassen Sie dort die möglicherweise noch aktive Grafikdarstellung mit EXIT und löschen Sie dann die vielleicht noch vorhandenen beiden Funktionen mit F2 F1.	MENU 5 EXIT F2 F1 ▽ F2 F1 △	Grafikfunkt.:Y= Y1: Y2: Y3: Y4: Y5: Y6: SEL DEL TYPE STYL GMEM DRAW
Geben Sie die Funktion $f(x) = -\frac{6}{125}x^2 + \frac{12}{25}x$ ein und bestätigen Sie mit EXE.	(−) 6 a b/c 1 2 5 ▷ X,θ,T x^2 + 1 2 a b/c 2 5 ▷ X,θ,T EXE	Grafikfunkt.:Y= Y1■$-\frac{6}{125}X^2+\frac{12}{25}X$ [—] Y2: Y3: Y4: Y5: SEL DEL TYPE STYL GMEM DRAW

Löschen von Funktionsgleichungen

Sie haben eine Funktion eingegeben. Diese ist unter dem Namen Y1 *gespeichert.*

Rechnen mit Funktionswerten

Funktionswerte berechnen

	Eingabe	Anzeige
Wechseln Sie mit MENU 1 in das RUN-MAT-Menü und löschen Sie den Bildschirm mit DEL DEL·A (F2 F2). Bestätigen Sie dann mit F1.	MENU 1 F2 F2 F1	JUMP DEL ▸MAT MATH
Geben Sie nun den Term, also $\frac{5}{2}Y1\left(\frac{5}{2}\right)+\frac{5}{2}Y1(5)$ ein. Klar, statt $f(x)$ steht immer **Y1 (x)**. Das Y erreichen Sie im Vars-Menü (Taste VARS) und dann im Untermenü GRPH Y (F4 F1).	5 a b/c 2 ▶ VARS F4 F1 1 (5 a b/c 2 ▶) + 5 a b/c 2 ▶ F1 1 (5) EXE	$\frac{5}{2}$Y1($\frac{5}{2}$)+$\frac{5}{2}$Y1(5) $\frac{21}{4}$ Y r Xt Yt X
Sie sehen, dass Sie mit dem fx-9860GII auch mit konkreten Funktionswerten rechnen können. Wandeln Sie nun das Ergebnis mit F↔D in einen Dezimalbruch um!	F↔D	$\frac{5}{2}$Y1($\frac{5}{2}$)+$\frac{5}{2}$Y1(5) 5.25 Y r Xt Yt X

Sie haben durch einfaches Rechnen mit Funktionswerten eine erste Annäherung für den gesuchten Flächeninhalt berechnet und den Wert 5,25 erhalten.

Die erste Näherung besagt, dass die Fläche höchstens $2 \cdot 5{,}25$ (also 10,5) Flächeneinheiten groß sein kann. Moritz kann somit höchstens 10,5 km weit gefahren sein.
Das Ergebnis lässt sich verbessern, indem statt mit zwei, mit vier Rechtecken gearbeitet wird.

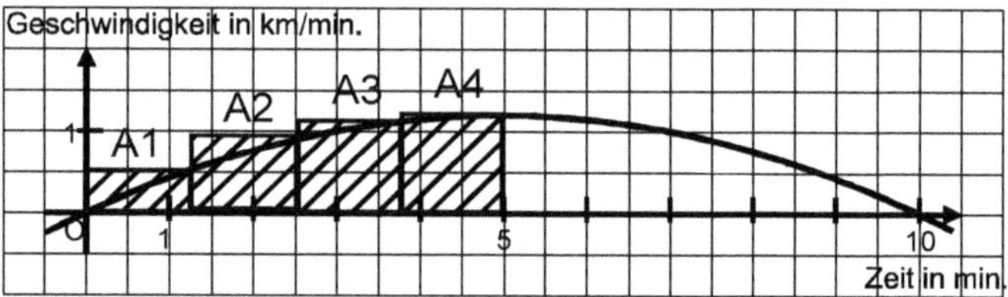

Der angenäherte Flächeninhalt besteht aus den Rechtecken A1, A2, A3 und A4.
Es ergibt sich:

A_f = Breite von A1 · Höhe von A1
+ Breite von A2 · Höhe von A2
+ Breite von A3 · Höhe von A3
+ Breite von A4 · Höhe von A4

oder

$$A_f = \frac{5}{4} \cdot f\left(\frac{5}{4}\right) + \frac{5}{4} \cdot f\left(2 \cdot \frac{5}{4}\right) + \frac{5}{4} \cdot f\left(3 \cdot \frac{5}{4}\right) + \frac{5}{4} \cdot f\left(4 \cdot \frac{5}{4}\right)$$

$$= \frac{5}{4} \cdot \left(f\left(1 \cdot \frac{5}{4}\right) + f\left(2 \cdot \frac{5}{4}\right) + f\left(3 \cdot \frac{5}{4}\right) + f\left(4 \cdot \frac{5}{4}\right)\right)$$

Statt die vier Summanden einzeln zu notieren, kann auch der Summenoperator verwendet werden.

$$= \frac{5}{4} \cdot \sum_{x=1}^{4} f\left(x \cdot \frac{5}{4}\right)$$

Dieser Ausdruck lässt sich so (klar mit **Y1** statt *f*) in den Taschenrechner eingeben.

Rechnen mit Summen

	Eingabe	Anzeige
Sie können den Term so wie er oben steht eingeben (mit **Y1** statt *f*). Das Summenzeichen erreichen Sie über die Taste OPTN und dann mit der Menüfolge CALC ▷ Σ((F4 F6 F3).	5 a b/c 4 ▷ OPTN F4 F6 F3 VARS F4 F1 1 (X,θ,T × 5 a b/c 4 ▷) ▷ X,θ,T ▷ 1 ▷ 4 EXE	$\frac{5}{4}\sum_{X=1}^{4}(Y1(X\times\frac{5}{4}))$ $\frac{75}{16}$ Y r Xt Yt X
Wandeln Sie nun das Ergebnis mit F↔D in einen Dezimalbruch um!	F↔D	5.25 $\frac{5}{4}\sum_{X=1}^{4}(Y1(X\times\frac{5}{4}))$ 4.6875 Y r Xt Yt X

Summenzeichen

Brüche umwandeln

Sie haben unter Zuhilfenahme des Summenoperators eine bessere Annäherung für den gesuchten Flächeninhalt berechnet und den Wert 4,6875 erhalten.

Die zweite Näherung besagt, dass die Fläche höchstens 2·4,6875 (also 9,375) Flächeneinheiten groß sein kann. Moritz kann somit höchstens 9,375 km weit gefahren sein. Das Ergebnis lässt sich verbessern, indem statt mit vier, mit 32 Rechtecken gearbeitet wird.

Da wir die Anzahl der Rechtecke gleich nochmals erhöhen wollen, lohnt es sich, diese Anzahl in einer Variablen zu speichern. Dann brauchen wir nämlich zukünftig nur den Inhalt der Variablen zu ändern und schon haben wir ein passendes Ergebnis.

Wenn wir also die 32 in der Variablen D ablegen, sieht die Formel so aus:

$$A_f = \frac{5}{D} \cdot \sum_{x=1}^{D} f\left(x \cdot \frac{5}{D}\right)$$

Verwenden von Variablen / Nutzen von CLIP / PASTE

		Eingabe	Anzeige
Variablen	Speichern Sie die Zahl 32 mit dem Speicheroperator (→) in der Variablen D.	3 2 → ALPHA sin EXE	$\frac{5}{4}\sum_{X=1}^{4}(Y1(X\times\frac{5}{4}))$ 4.6875 32→D 32
CLIP	Bewegen Sie sich nun mit dem Cursor auf die eben eingegebene Formel. Und drücken Sie die Tasten SHIFT 8 (CLIP).	4 mal ▲ SHIFT 8	$\frac{5}{4}\sum_{X=1}^{4}(Y1(X\times\frac{5}{4}))$ 4.6875 32→D 32 CPY·L
CPY·L JUMP	Kopieren Sie nun die schon schwarz hinterlegte Formel mit CPY·L (F1) in den Zwischenspeicher. Bewegen Sie sich dann mit der Befehlsfolge JUMP BTM wieder in die Eingabezeile.	F1 F1 F2	$\frac{5}{4}\sum_{X=1}^{4}(Y1(X\times\frac{5}{4}))$ 4.6875 32→D 32 TOP BTM PgUp PgDn
PASTE = *einfügen*	Fügen Sie nun mit PASTE (SHIFT 9) die eben kopierte Formel in die Eingabezeile ein.	SHIFT 9	4.6875 32→D 32 $\frac{5}{4}\sum_{X=1}^{4}(Y1(X\times\frac{5}{4}))$ TOP BTM PgUp PgDn
Ändern von Eingaben	Sie können sich mit der ▶-Taste an den Anfang der Formel bewegen und die 4 von $\frac{5}{4}$ durch ein D ersetzen.	5 mal ▶ DEL ALPHA sin	4.6875 32→D 32 $\frac{5}{D}\sum_{X=1}^{4}(Y1(X\times\frac{5}{4}))$ TOP BTM PgUp PgDn
	Genau so verfahren Sie mit den anderen „Vieren" der Formel.	11 mal ▶ DEL ALPHA sin 8 mal ▶ DEL ALPHA sin	4.6875 32→D 32 $\frac{5}{D}\sum_{X=1}^{D}(Y1(X\times\frac{5}{D}))$ TOP BTM PgUp PgDn
	Starten Sie nun die Berechnung mit EXE.	EXE	32→D 32 $\frac{5}{D}\sum_{X=1}^{D}(Y1(X\times\frac{5}{D}))$ 4.092773438 TOP BTM PgUp PgDn

Sie haben durch das Verwenden der Variablen D eine flexible Formel erstellt. Für den Wert D = 32 haben Sie mit dem Ergebnis 4,092773438 eine noch bessere Annäherung erhalten.

Die dritte Näherung besagt, dass die Fläche höchstens $2 \cdot 4{,}092773438$ (also 8,185546875) Flächeneinheiten groß sein kann. Moritz kann somit höchstens etwa 8,186 km weit gefahren sein.

Das Ergebnis lässt sich verbessern, indem statt mit 32, mit 128 Rechtecken gearbeitet wird. Hierzu müssen wir nur die flexible Formel mit dem D kopieren und den Inhalt der Variablen D ändern!

Verwenden von Variablen

	Eingabe	Anzeige
Bewegen Sie sich mit dem Cursor auf die Formel mit dem „D" von eben, kopieren Sie diese mit CPY·L (F1) und bewegen Sie sich wieder zur Eingabeposition zurück.	2 mal ▲ SHIFT 8 F1 2 mal ▼	32→D 32 $\frac{5}{D}\sum_{X=1}^{D}(Y1(X\times\frac{5}{D}))$ 4.092773438 JUMP DEL ▶MAT MATH
Speichern Sie die Zahl 128 in der Variablen D!	1 2 8 → ALPHA sin EXE	$\frac{5}{D}\sum_{X=1}^{D}(Y1(X\times\frac{5}{D}))$ 4.092773438 128→D 128 JUMP DEL ▶MAT MATH
Holen Sie sich die Formel mit **PASTE** aus der Zwischenablage zurück und bestätigen Sie mit EXE. Dieser Vorgang dauert wieder eine Weile ...	SHIFT 9 EXE	128→D 128 $\frac{5}{D}\sum_{X=1}^{D}(Y1(X\times\frac{5}{D}))$ 4.023376465 JUMP DEL ▶MAT MATH

Für den Wert D = 128 haben Sie den Wert 4,023376465 erhalten.

Die vierte Näherung besagt, dass die Fläche höchstens $2 \cdot 4{,}023376465$ (also 8,04675293) Flächeneinheiten groß sein kann. Moritz kann somit höchstens etwa 8,047 km weit gefahren sein.

Sie können die Variable D auf den Wert 256 setzen und das Ergebnis berechnen.

Ändern von Variablen

	Eingabe	Anzeige
Speichern Sie die Zahl 256 in der Variablen D!	2 5 6 → ALPHA sin EXE	$\frac{5}{D}\sum_{X=1}^{D}(Y1(X\times\frac{5}{D}))$ 4.023376465 256→D 256 JUMP DEL ▶MAT MATH
Holen Sie sich wieder die Formel aus der Zwischenablage zurück und bestätigen Sie mit EXE.	SHIFT 9 EXE	256→D 256 $\frac{5}{D}\sum_{X=1}^{D}(Y1(X\times\frac{5}{D}))$ 4.011703491 JUMP DEL ▶MAT MATH

Für den Wert D = 256 haben Sie den Wert 4,011703491 erhalten.

Die fünfte Näherung besagt, dass die Fläche höchstens $2 \cdot 4{,}011703491$ (also 8,023406982) Flächeneinheiten groß sein kann. Moritz kann somit höchstens etwa 8,023 km weit gefahren sein.

Wenn Sie sich die berechneten Werte einmal anschauen,

D	2	4	32	128	256
Fläche	10,5	9,375	8,185546875	8,04675293	8,023406982

liegt die Vermutung nahe, dass sich die Fläche mit größer werdender Anzahl von Rechtecken der Flächenmaßzahl 8 nähert.

Und das ist in der Tat so. Auf einen förmlichen Beweis möchte ich in diesem Buch verzichten. Schauen wir uns lieber einmal an, wie sich die Fläche unter einem Funktionsgraphen direkt berechnen lässt!

Rechnen mit Integralen

Berechnen von Integralen mit G-Solv ∫dx

	Eingabe	Anzeige
Wechseln Sie mit MENU 5 in das GRAPH-Menü GRAPH. Und lassen Sie sich mit DRAW (F6) den Funktionsgraphen zeichnen.	MENU 5 F6	
Sie sehen, dass das Betrachtungsfenster noch nicht optimal ist. Das ändern wir im Betrachtungsfenster (**V-Window**) und stellen dort für x den Bereich zwischen 0 und 10 mit einer Skalierung von 1 ein. Und für Y sind Werte von 0 bis 1,2 bei einer Skalierung von 0,1 sinnvoll.	V-Window F3 0 EXE 1 0 EXE 1 EXE ▼ 0 EXE 1 • 2 EXE 0 • 1 EXE	Betrachtungsfenster scale:1 dot :0.07936507 Ymin :0 max :1.2 scale:0.1 θmin :0 INIT TRIG STD STO RCL
Verlassen Sie dieses Menü mit EXIT und lassen Sie sich mit DRAW (F6) den Funktionsgraphen neu zeichnen.	EXIT F6	
Nun wollen wir die Fläche zwischen Graph und x-Achse berechnen. Dies geschieht mit der Integralfunktion, die Sie aus dem G-Solv Menü (F5) mit der Menüfolge ▷ ∫dx (F6 F3) erreichen.	G-Solv F5 F6 F3	Y1=-(6.125)X²+(12.25) LOWER X=5 Y=1.2
Wenn Sie nun 0 als untere Grenze eingeben, erscheint automatisch das zugehörige Fenster.	0	Y1=-(6.125)X²+(12.25) Untere Grenze eingeben X:0 LOWER X=5 Y=1.2
Bestätigen Sie die Eingabe von 0 mit EXE und geben Sie als obere Grenze die Zahl 10 ein.	EXE 1 0	Y1=-(6.125)X²+(12.25) Obere Grenze eingeben X:10 UPPER X=0 Y=0
Mit EXE starten Sie die Berechnung und schließen damit automatisch das Fenster zur Eingabe der oberen Grenze.	EXE	LOWER=0 UPPER=10 ∫dx=8
Sie sehen die gesuchte Fläche, die durch die graue Fläche symbolisiert wird und vor allem in der letzten Zeile einen Wert: **∫dx=8** und das ist genau das Ergebnis, das wir eben „per Hand" ausgerechnet haben!		

Sie haben mit G-Solv die Fläche zwischen der x-Achse und dem Funktionsgraphen $f(x) = -\frac{6}{125}x^2 + \frac{12}{25}x$ *berechnet und als Ergebnis die Flächenmaßzahl 8 erhalten.*

a) Moritz ist mit seinem LKW in 10 Minuten 8 km weit gefahren.

b) Berechnen von Teilflächen

Um die Länge des Weges nach 2,5 bzw. 7,5 Minuten zu bestimmen, genügt es, die ∫dx Funktion mit den neuen Integrationsgrenzen nochmals aufzurufen.

Anpassen von Integrationsgrenzen

Berechnen von Teilflächen

	Eingabe	Anzeige
Löschen Sie die Schraffierung mithilfe der Sketchfunktion, die Sie mit F4 aufrufen können und dann Cls-Befehl (F1).	Sketch F4 F1	
Wählen Sie nun wieder in G-Solv (F5) mit ▷ ∫dx (F6 F3) die ∫dx Funktion und tragen dort als untere Grenze 0 und als obere Grenze 2,5 ein.	G-Solv F5 F6 F3 0 EXE 2 . 5 EXE	LOWER=0 UPPER=2.5 ∫dx=1.25
Sie sehen, dass die Fläche 1,25 Flächeneinheiten groß ist. Für die Fläche zwischen 0 und 7,5 können Sie analog vorgehen!	G-Solv F5 F6 F3 0 EXE 7 . 5 EXE	LOWER=0 UPPER=7.5 ∫dx=6.75

Sie haben die Integrationsgrenzen angepasst und für das Intervall [0; 2,5] die Flächenmaßzahl 1,25 als Ergebnis erhalten und für das Intervall [0; 7,5] die Flächenmaßzahl 6,75 ermittelt.

b) Moritz hat nach 2,5 Minuten 1,25 km und nach 7,5 Minuten 6,75 km zurückgelegt.

Kapitel 6

Gewinn- und Verlustrechnung

Zeichnen und Rechnen in GRAPH

Gewinn- und Verlustrechnung bei einer Brauerei[1]

Die Brauerei Meyer möchte ein neues Qualitätsbier auf den Markt bringen. Für die Produktion dieser Biersorte geht die Brauerei von einem s-förmigen Kurvenverlauf der Kostenfunktion aus, die der Produktionsmenge x die Gesamtkosten y zuordnet.
Die Fixkosten betragen 400 Geldeinheiten (GE). Außerdem ist bekannt, dass der Graph der Kostenfunktion einen Wendepunkt in (10 | 700) aufweist und die Wendetangente die Gleichung $t_w(x) = 20x + 500$ hat. Die Kapazitätsgrenze für dieses Produkt liegt bei 50 Mengeneinheiten (ME).
Eine Marktanalyse hat ergeben, dass das Produkt in dieser Menge vollständig verkauft werden kann.

Aufgabenstellung[2]:

a) Bestimmen Sie die Gleichung einer ganzrationalen Funktion möglichst niedrigen Grades, welche die Entwicklung der Kosten K nach den oben gemachten Angaben beschreibt. Geben Sie den ökonomisch sinnvollen Definitionsbereich an.

b) Die Brauerei erwartet einen Erlös von 70 GE je ME. Bestimmen Sie die Erlösfunktion E.

c) Zeichnen Sie die Graphen der Kostenfunktion K und der Erlösfunktion E.

d) Berechnen Sie die Gewinnzone.

e) Ermitteln Sie die Produktionsmenge, für die sich der maximale Gewinn ergibt, und berechnen Sie diesen.

f) Zeitgleich ist eine zweite Brauerei mit dem neuen Produkt „Schädelglück" zu einem Dumpingpreis auf den Markt gekommen. Nun überlegt man bei der Brauerei Meyer, wie man wirtschaftlich vertretbar reagieren soll.
Bestimmen Sie hierzu den niedrigsten verlustfreien Preis und die zugehörige Produktions- bzw. Absatzmenge.

g) Bestimmen Sie die neue Erlösfunktion E_{neu} und zeichnen Sie diese zusammen mit der Kostenfunktion.

1. Die Aufgabenstellung ist angelehnt an eine Aufgabe aus einer schriftlichen Abiturprüfung in Hamburg.
2. Die einzelnen Teilaufgaben habe ich hier abermals bewusst kleinschrittig ausgearbeitet, damit ich Ihnen die einzelnen Lösungsschritte mit dem Taschenrechner erläutern kann.

Lösungsstrategie

a) Die gesuchte Kostenfunktion K(x) ist ein Polynom des Grades 3, sie lässt sich somit notieren als $f(x) = ax^3 + bx^2 + cx + d$. Sie müssen vier voneinander unabhängige Gleichungen aufstellen und hiermit die einzelnen Parameter berechnen.

b) Die Erlösfunktion wird folgendermaßen bestimmt: $E(x) = Preis \cdot x$, wobei der Preis der Stückpreis pro Mengeneinheit ist.

c) Zeichen geschieht leicht im GRAPH-Menü.

d) Hier müssen Sie nur die Schnittstellen der Kosten- und der Erlösfunktion bestimmten.

e) Um das Gewinnmaximum zu erhalten, suchen Sie die Stelle, an der die Erlös- und die Kostenfunktion am weitesten voneinander entfernt sind.

f) Bestimmen Sie die Stückkostenfunktion $\frac{K(x)}{x}$ und berechnen Sie hier das Minimum!

g) Die neue Erlösfunktion beginnt im Ursprung und verläuft durch das eben berechnete lokale Minimum. Damit ist die Steigung m bekannt und Sie können die lineare Funktion $E_{neu} = m \cdot x$ angeben und im GRAPH-Menü zeichnen.

a) Ermitteln der Kostenfunktion

Kostenfunktion

Zunächst zum Definitionsbereich: Da die Kapazitätsgrenze bei 50 Mengeneinheiten (ME) liegt, ist ein Definitionsbereich von [0;50] sinnvoll.
Die gesuchte Kostenfunktion lässt sich notieren als

$f(x) = ax^3 + bx^2 + cx + d$. Somit ergeben sich auch die Ableitungsfunktionen:

$f'(x) = 3ax^2 + 2bx + c$

$f''(x) = 6ax + 2b$

Aus dem Text lassen sich folgende Details extrahieren:

Detail	mathematische Bedeutung
Die Fixkosten betragen 400 Geldeinheiten (GE).	K(0) = d (i) d = 400
Der Graph der Kostenfunktion weist einen Wendepunkt in (10 | 700) auf.	(ii) K(10) = 700 (iii) K´´(10) = 0
Die Wendetangente hat die Gleichung $t_w(x) = 20x + 500$.	Der Koeffizient von x der Wendetangente ist die Steigung an der Stelle 10. Also: (iv) K´(10) = 20

Es ergeben sich folgende Gleichungen:

(i)	d = 400 =>	(I)							d	=	400
(ii)	K(10) = 700=>	(II)	1000 a	+	100 b	+	10 c		+d	=	700
(iii)	K´´(10) = 0=>	(III)	60 a	+	2 b					=	0
(iv)	K´(10) = 20=>	(IV)	300 a	+	20 b	+	c			=	20

Es handelt sich hier um ein Gleichungssystem von vier Gleichungen mit vier Unbekannten. Wir verwenden hier eine (4 × 5)-Matrix, die wir mit dem Befehl `Rref` in die Gauß-JordanGauss-Jordan-Form bringen.

Lösen eines Gleichungssystems im RUN-MAT Menü

Lösen eines Gleichungssytems mit Rref

	Eingabe	Anzeige
Wechseln Sie mit MENU 1 in das RUN-MAT Menü und löschen Sie mit DEL DEL·A den Bildschirm.	MENU 1 F2 F2 F1	JUMP DEL ▸MAT MATH
Geben Sie zunächst den Befehl `Rref` (Kurzform für engl. Reduced row echelon form), der eine Matrix in die Gauß-Jordan-Form bringt, ein. Sie erreichen diesen Befehl über die OPTN-Taste und dann mit der Menüfolge MAT ▷ Rref (F2 F6 F5).	OPTN F2 F6 F5	Rref Iden Dim Fill Ref Rref ▷

Randnotiz		Eingabe	Anzeige
Dimension einer Matrix festlegen	Nun gilt es direkt eine (4 × 5)-Matrix einzugeben, ohne diese unnötigerweise speichern zu müssen. Dazu verlassen Sie zunächst mit zwei mal EXIT das Option-Menü. Nun wählen Sie die Menüfolge MATH MAT m×n (F4 F1 F3).	2 mal EXIT F4 F1 F3	Dimension m×n m :1 n :1
Eingeben einer Matrix	Hier geben Sie, wie geplant, die Werte 4 für m (Zeilen) und 5 für n (Spalten) ein und bestätigen jeweils mit EXE. Mit nochmaligem EXE sehen Sie eine leere (4 × 5)-Matrix.	4 EXE 5 EXE EXE	Rref
	Nun müssen hier nur die Koeffizienten (=Vorzahlen) der Gleichungen I bis IV eingetragen werden. Beginnen wir mit der Gleichung I: Hinweis: Hier nicht jede Eingabe mit EXE bestätigen, sondern einfach mit ▷ die Eingabeposition wechseln.	0 ▷ 0 ▷ 0 ▷ 1 ▷ 4 0 0 ▷	Rref [0 0 0 1 400]
	Nun Gleichung II:	1 0 0 0 ▷ 1 0 0 ▷ 1 0 ▷ 1 ▷ 7 0 0 ▷	Rref [0 0 0 1; 1000 100 10 1]
	Gleichung III:	6 0 ▷ 2 ▷ 0 ▷ 0 ▷ 0 ▷	Rref [0 0 0 1; 1000 100 10 1; 60 2 0 0]
	und schließlich Gleichung IV:	3 0 0 ▷ 2 0 ▷ 1 ▷ 0 ▷ 2 0 ▷	[0 0 0 1 400; 1000 100 10 1 700; 60 2 0 0 0; 300 20 1 0 20]
	Der schwarze Pfeil links signalisiert Ihnen, dass dort noch etwas steht (und zwar der Rref-Befehl) und Sie können mit EXE die Berechnung starten!	EXE	[1 0 0 0 1/10; 0 1 0 0 -3; 0 0 1 0 50; 0 0 0 1 400]
Gauß-Jordan-Form	Sie sehen, dass die Matrix nun die Gauß-Jordan-Form hat (die Diagonale hat nur 1en). Die Lösung befindet sich in der letzten Spalte und steht für die Parameter a bis d unserer Gleichung $f(x)$ von Seite 79.		

Sie haben ein lineares Gleichungssystem mit vier Gleichungen und vier Unbekannten mit dem Rref-Befehl gelöst und als Ergebnis die Koeffizienten der Kostenfunktion 3. Grades erhalten.

a) Die Kostenfunktion lautet:

$$K(x) = \frac{1}{10}x^3 - 3x^2 + 50x + 400$$

Ein sinnvoller Definitionsbereich lässt sich über dem Intervall [0;50] ausmachen.

b) Bestimmen der Erlösfunktion

Erlösfunktion

Die Erlösfunktion E(x) berechnet sich nach folgender Formel:

$E(x) = Preis \cdot x$ also $E(x) = 70 \cdot x$, wobei x die Stückzahl repräsentiert.

b) Die Erlösfunktion lautet $E(x) = 70 \cdot x$.

c) Zeichnen der Kosten- und Erlösfunktion

Um die Kosten- und Erlösfunktion zu zeichnen, müssen Sie diese lediglich im GRAPH-Menü eingeben. Wählen Sie

Y1 für die Kostenfunktion $K(x)$ und

Y2 für die Erlösfunktion $E(x)$.

Zeichnen der Kosten- und Erlösfunktion und bestimmen eines sinnvollen Intervalls für Y

Löschen von Funktionsgleichungen

Eingabe einer Funktionsgleichung

	Eingabe	Anzeige
Wechseln Sie mit 5 ins GRAPH-Menü und löschen Sie die vielleicht noch vorhandene erste Gleichung mit F2 F1.	F2 F1	Grafikfunkt. :Y= Y1: Y2: Y3: Y4: Y5: Y6: SEL DEL TYPE STYL GMEM DRAW
Geben Sie die Kostenfunktion $K(x) = \frac{1}{10}x^3 - 3x^2 + 50x + 400$ als erste Funktion (Y1) ein und bestätigen Sie mit EXE.	1 a b/c 1 0 ▷ X,θ,T ∧ 3 ▷ − 3 X,θ,T x² + 5 0 X,θ,T + 4 0 0 EXE	Grafikfunkt. :Y= Y1$\frac{1}{10}$X³−3X²+50X·[—] Y2: Y3: Y4: Y5: SEL DEL TYPE STYL GMEM DRAW
Nun geben Sie die Erlösfunktion $E(x) = 70 \cdot x$ als zweite Funktion (Y2) ein und merken Sie sich, dass Y1 die Kostenfunktion und Y2 die Erlösfunktion ist.	7 0 X,θ,T EXE	Grafikfunkt. :Y= Y1$\frac{1}{10}$X³−3X²+50X·[—] Y2 70X [—] Y3: Y4: Y5: SEL DEL TYPE STYL GMEM DRAW

Ermitteln eines sinnvollen Bereichs für das Betrachtungsfenster

	Eingabe	Anzeige
Sie sehen an dem andersfarbigen Gleichheitszeichen, dass beide Funktionen schon zum Zeichnen selektiert sind. Starten Sie den Zeichenvorgang mit DRAW (F6).	F6	
Noch sehen Sie nichts, weil die Parameter des View-Windows noch nicht richtig gesetzt sind. Sie wissen, dass der Definitionsbereich im Intervall von [0;50] liegt. Dies sind auch sinnvolle Werte für den Zeichenbereich von x. Eine Skalierung ist in Zehnerschritten sinnvoll. Tragen Sie dies einmal ein!	V-Window F3 0 EXE 5 0 EXE 1 0 EXE	Betrachtunssfenster Xmin :0 max :50 scale:10 dot :0.39682539 Ymin :0 max :1.2 INIT TRIG STD STO RCL
Den Bereich für Y kennen Sie in der Praxis nicht. (Und ich will Ihnen hier keinen Bären aufbinden nur, weil ich schon weiß, wie die Zeichnung aussieht.) Also verlassen Sie mit EXIT das Menü und machen mit DRAW (F6) eine neue Zeichnung.	EXIT F6	
Und Sie sehen immer noch nichts. Das liegt daran, dass der Bereich für Y noch nicht richtig eingestellt ist. Doch wie kommen Sie zu einem sinnvollen Wert? Da **Y1** die Kostenfunktion darstellt, scheint diese mit zunehmenden x zu steigen. Also ist der höchste Wert bei x = 50 erreicht. Und diesen höchsten Wert lassen wir uns mit der Tracefunktion anzeigen!	Trace F1 5 0 EXE	Y1=(1.10)X^(3)-3X²+50 dY/dX=500 X=50 Y=7900
Somit ist der höchste y-Wert die Zahl 7 900. Also können wir für Y den Bereich von 0 bis 8 000 und eine Skalierung von 100 eintragen!	V-Window F3 4 mal ▽ 0 EXE 8 0 0 0 EXE 1 0 0 EXE	Betrachtunssfenster scale:10 dot :0.39682539 Ymin :0 max :8000 scale:100 θmin :0 INIT TRIG STD STO RCL
Verlassen Sie mit EXIT das Menü und machen mit DRAW (F6) eine neue, passende Zeichnung.	EXIT F6	

Sie haben die Kosten- und die Erlösfunktion in einem sinnvollen Bereich gezeichnet.

d) Bestimmen der Gewinnzone

Um die Gewinnzone zu bestimmen, brauchen Sie nur den Bereich zu bestimmen, in dem die Kosten niedriger als der Erlös sind. Dies ist genau zwischen den Schnittstellen von Kosten- und Erlösfunktion der Fall!

Bestimmen von Schnittpunkten zweier Funktionen

	Eingabe	Anzeige
Rufen Sie in G-Solv (F5) das Unterprogramm ISCT (Abkürzung für Intersection = Schnitt) mit F5 auf.	F5 F5	Y1=(1÷10)X^(3)−3X²+50 Y2=70X ISECT X=10 Y=700
Die erste Schnittstelle liegt also bei x = 10. Sie starten die Berechnung der zweiten Schnittstelle mit ▷. Das ist übrigens immer so, wenn es mehrere Lösungen gibt, erhalten Sie mit ▷ immer die nächste Lösung.	▷	Y1=(1÷10)X^(3)−3X²+50 Y2=70X ISECT X=32.36067977 Y=2265.247584
Die zweite Schnittstelle liegt bei ungefähr 32,36 Produktionseinheiten.		

Schnittpunkte mit G-Solv ISCT

Anzeigen weiterer Lösungen

Sie haben die Schnittpunkte der Kosten- und der Erlösfunktion berechnet und die (gerundeten) Werte 10 und 32,36 erhalten.

d) Die Gewinnzone liegt im Bereich von 10 und 32,36 Produktionseinheiten.

e) Berechnung des Gewinnmaximums

Um den maximalen Gewinn zu berechnen, müssen Sie den Punkt suchen, an dem Erlös- und Kostenfunktion am weitesten voneinander entfernt sind.
Sie können dies bequem tun, indem Sie die Kostenfunktion von der Erlösfunktion subtrahieren und dann schauen, wo dieser Wert (= der Abstand zwischen beiden Funktionen) am größten ist.
Wir bilden also eine neue Funktion `Y3`, die aus der Differenz der beiden Funktionen `Y2` und `Y1` besteht, und schauen dann, wo diese neue Funktion `Y3` ihr Maximum hat.

Subtraktion zweier Funktionen und bestimmen des Maximums

	Eingabe	Anzeige
Verlassen Sie die Grafikanzeige mit EXIT.	EXIT	Grafikfunkt. :Y= Y1■$\frac{1}{10}$X³−3X²+50X·[—] Y2■70X [—] Y3: [—] Y4: [—] Y5: [—] SEL DEL TYPE STYL MEM DRAW
Geben Sie nun für Y3 ein: `Y2-Y1`. Sie erreichen den Buchstaben Y, der für die gespeicherten Funktionen steht mit Hilfe der VARS-Taste und dann den Menüs GRPH Y (F4 F1). Bestätigen Sie mit EXE.	VARS F4 F1 2 − F1 1 EXE	Grafikfunkt. :Y= Y1■$\frac{1}{10}$X³−3X²+50X·[—] Y2■70X [—] Y3■Y2−Y1 [—] Y4: [—] Y5: [—] SEL DEL TYPE STYL MEM DRAW

Rechnen mit Funktionsgleichungen

Darstellung von Funktionsgraphen

lokale Maxima mit G-Solv MAX

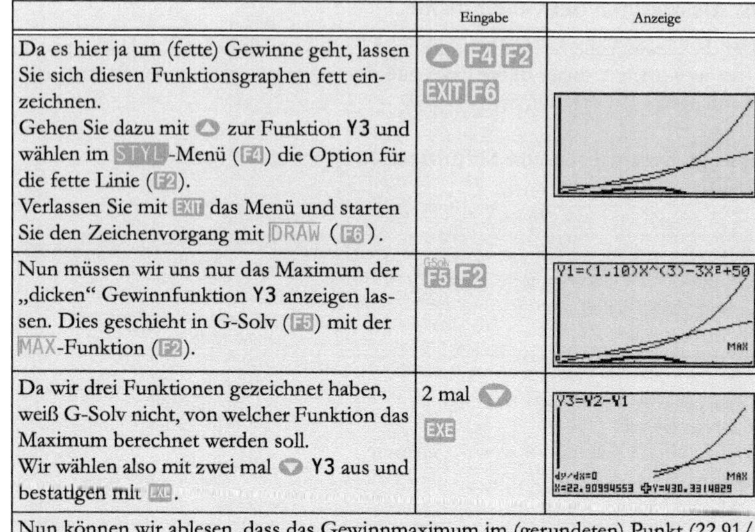

	Eingabe	Anzeige
Da es hier ja um (fette) Gewinne geht, lassen Sie sich diesen Funktionsgraphen fett einzeichnen. Gehen Sie dazu mit ▲ zur Funktion **Y3** und wählen im STYL-Menü (F4) die Option für die fette Linie (F2). Verlassen Sie mit EXIT das Menü und starten Sie den Zeichenvorgang mit DRAW (F6).	▲ F4 F2 EXIT F6	
Nun müssen wir uns nur das Maximum der „dicken“ Gewinnfunktion **Y3** anzeigen lassen. Dies geschieht in G-Solv (F5) mit der MAX-Funktion (F2).	F5 F2	Y1=(1⌟10)X^(3)−3X²+50 MAX
Da wir drei Funktionen gezeichnet haben, weiß G-Solv nicht, von welcher Funktion das Maximum berechnet werden soll. Wir wählen also mit zwei mal ▼ **Y3** aus und bestätigen mit EXE.	2 mal ▼ EXE	Y3=Y2−Y1 dy/dx=0 MAX X=22.90994553 Y=430.3314829
Nun können wir ablesen, dass das Gewinnmaximum im (gerundeten) Punkt (22,91/ 430,33) liegt.		

Sie haben mit G-Solv den Punkt berechnet, bei dem die Gewinnfunktion einen maximalen Wert erreicht.

e) Das Gewinnmaximum wird bei 22,91 Mengeneinheiten (ME) erzielt und beträgt 430,33 Geldeinheiten (GE).

f) Berechnung der minimalen Stückkosten

Die Kosten pro Stück (Stückkosten) lassen sich einfach dadurch berechnen, dass man eine Funktion aufstellt, bei der die Kostenfunktion durch die Anzahl der Einheiten (Stücke) dividiert wird.
In der Literatur findet man folgendes:

$$k(x) = \frac{K(x)}{x}$$

In unserem Fall bleibt damit nichts anderes zu tun, als eine neue Funktion (Y4) zu erstellen, die unsere Kostenfunktion (**Y1**) durch x dividiert. Also: $Y4 = \frac{Y1}{x}$

Schließlich muss für diese Funktion der Minimalwert berechnet werden.

Division von Funktionen und berechnen des Minimums

	Eingabe	Anzeige
Verlassen Sie mit EXIT die Grafikanzeige und deselektieren Sie die Funktionen **Y1** bis **Y3** vom Zeichnen. Bewegen Sie dann den Cursor auf die noch leere Funktion **Y4**.	EXIT F1 ▲ F1 ▲ F1 3 mal ▼	Grafikfunkt. :Y= Y1=$\frac{1}{10}$X³−3X²+50X [—] Y2=70X [—] Y3=Y2−Y1 [—] Y4: Y5: SEL DEL TYPE STYL MEM DRAW

	Eingabe	Anzeige
Geben Sie nun die neue Stückkostenfunktion $\frac{Y1}{x}$ ein und lassen Sie diese mit DRAW (F6) zeichnen. Hinweis: Verwenden Sie das „normale“ x, welches Sie mit der X,θ,T-Taste erreichen und nicht das aus dem Menü der untersten Zeile.	VARS F4 F1 1 a b/c X,θ,T EXE F6	
Der Bildschirmausschnitt ist bezüglich des y-Wertes noch nicht optimal, eine Berechnung des Minimums ist aber mit G-Solv möglich. Wählen Sie hierzu in G-Solv (F5) die MIN-Funktion (F3).	F5 F3	Y4=(Y1)÷X dY/dX=0 MIN X=20 Y=50
Das Minimum liegt also bei (20/50). Aus kosmetischen Gründen kann man den Anzeigebereich optimieren. Ermitteln Sie hierzu zunächst mit Trace den Funktionswert an der Stelle 1.	F1 1 EXE	Y4=(Y1)÷X dY/dX=-402.8 X=1 Y=447.1
Der Wert liegt hier bei 447,1. Also scheint ein y-Bereich von 0 bis 500 sinnvoll zu sein. Damit unser Minimum relativ in der Mitte liegt, kann man für x einen Bereich von 0 bis 40 ansetzen. Bevor Sie im Betrachtungsfenster (F3) den Betrachtungsbereich ändern, sollten Sie allerdings die aktuellen Einstellungen mit STO speichern. Hierfür stehen 6 Speicher zur Verfügung. Wählen Sie hier Speicher 1!	F3 F4 1	Speichern in V-Win-Speicher V-Win[1~6]: 1 max :8000 INIT TRIG STD STO RCL
Bestätigen Sie mit EXE. Nun können Sie für x den Bereich von 0 bis 40 bei einer Skalierung von 10 und für y den Bereich von 0 bis 500 bei einer Skalierung von 100 eintragen.	EXE F3 0 EXE 4 0 EXE 1 0 EXE ▼ 0 EXE 5 0 0 EXE 1 0 0 EXE	Betrachtungsfenster scale:10 dot :0.31746031 Ymin :0 max :500 scale:100 θmin :0 INIT TRIG STD STO RCL
Verlassen Sie das View-Window mit EXIT und lassen Sie sich mit DRAW (F6) die Funktion neu zeichnen.	EXIT F6	
Nun können Sie auch optisch das Minimum bei (20/50) erkennen.		

Sie haben durch Division einer bekannten Funktion eine neue erstellt und hiervon das Minimum berechnet.

f) Das Stückkostenminimum wird bei 20 Mengeneinheiten (ME) erreicht und beträgt 50 Geldeinheiten (GE) pro Stück.

Rechnen mit Funktionsgleichungen

lokale Minima mit G-Solv MIN

Ermitteln eines sinnvollen Bereichs für das Betrachtungsfenster

Betrachtungsfenster speichern

g) Bestimmen und Zeichnen der neuen Erlösfunktion

Die Kosten pro Stück (=Stückkosten) betragen 50 GE.
Nun ist klar, wenn ein Stück 50 GE kostet, kosten x Stück $50 \cdot x$.
Hieraus ergibt sich für die Funktionsgleichung:
$E_{neu} = 50x$.
Nun gilt es, diese Funktion als **Y5** zu erfassen und zusammen mit der Kostenfunktion (**Y1**) zu zeichnen.

Zeichnen der neuen Erlösfunktion mitsamt der Kostenfunktion

	Eingabe	Anzeige
Verlassen Sie mit EXIT das Grafikfenster.	EXIT	
Und geben Sie als neue Funktion (**Y5**) die neue Erlösfunktion 50x ein und bestätigen mit EXE.	5 0 X,θ,T EXE	
Diese Funktion ist bereits zum Zeichnen selektiert. Nun müssen Sie noch **Y4** deaktivieren und **Y1** aktivieren. Und mit DRAW (F6) können Sie sich die beiden Funktionen zeichnen lassen.	2 mal ▲ F1 3 mal ▲ F1 F6	
Aufgrund des ungünstigen Ausschnitts sehen Sie nicht viel. Aber: Sie können in V-Window (F3) mit F5 das RCL-Menü aufrufen und dort mit 1 EXE die eben gespeicherten View-Window-Einstellungen wieder reaktivieren, das Fenster verlassen und sich an der neuen Erlösfunktion erfreuen.	F3 F5 1 EXE EXIT F6	

Betrachtungsfenster wiederherstellen

Sie haben die neue Erlösfunktion zusammen mit der Kostenfunktion gezeichnet.

Kapitel 7

Radioaktiver Zerfall

Exponentielle Regression

Radioaktiver Zerfall[1]

In einem Labor wurde der Zerfall der radioaktiven Substanz S_1 gemessen.
Hierbei traten folgende Messwerte auf:

Zeit in Stunden	Masse der vorhandenen Substanz in mg
3	22,313
12,5	0,193
14,5	0,071

Aufgabenstellung:

a) Ermitteln Sie eine exponentielle Funktionsgleichung der Form $f_1(x) = a \cdot e^{b \cdot x}$, welche die Masse der noch vorhandenen Substanz (in Milligramm) in Abhängigkeit der verstrichenen Zeit (in Stunden) beschreibt.
Runden Sie Ihre Ergebnisse auf eine Stelle nach dem Komma!

b) Geben Sie aufgrund der unter a) ermittelten Funktionsgleichung an, wie groß die Masse der Substanz S_1 am Beobachtungsbeginn war.
Berechnen Sie die Halbwertszeit dieses Zerfalls, d.h. die Zeit, nach der nur noch die Hälfte der ursprünglichen Substanz vorhanden ist.

c) Bestimmen Sie die nach 6 Stunden bereits zerfallene Masse.

Das Zerfallsprodukt der radioaktiven Substanz S_1 ist die Substanz S_2. Auch diese Substanz ist radioaktiv und zerfällt demzufolge weiter. Die Masse dieser Substanz lässt sich durch die Funktion $f_2(x)$ beschreiben:

$$f_2(x) = 100 \cdot e^{-0,5x} \cdot (1 - e^{-0,5x})$$

d) Zeichnen Sie die Graphen von f_1 und von f_2.
Berechnen Sie, wie viel an Substanz S_2 zum Zeitpunkt $x = 0$ vorhanden ist und interpretieren Sie dieses Ergebnis.

e) Begründen Sie, dass es zu einem gewissen Zeitpunkt eine maximale Masse der Substanz S_2 geben muss, und berechnen Sie den Zeitpunkt und die zugehörige Menge.

1. Die Aufgabenstellung entstammt größtenteils einer Aufgabe zur schriftlichen Abiturprüfung in Hamburg.

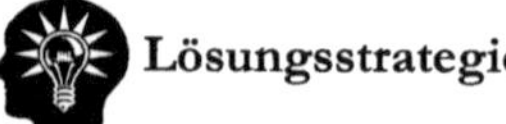

Lösungsstrategie

a) Die gesuchte Funktion lässt sich durch exponentielle Regression bestimmen. Die berechneten Werte müssen dann nur noch gerundet werden.

b) Zu berechnen ist hier zunächst der Funktionswert $f_1(0)$. Dieser wird benötigt, um damit die Halbwertszeit berechnen zu können. Nun können Sie sich die Funktion zeichnen lassen und bestimmen, wann die Hälfte des eben berechneten Funktionswertes erreicht wird.

c) Um zu bestimmen, wie viel von der Substanz S_2 zum Zeitpunkt $t = 0$ vorhanden ist, setzen Sie einfach den Wert 0 in f_2 ein!

   Um den Zeitpunkt der maximalen Masse bestimmen zu können, benötigen Sie die erste Ableitung, deren Nullstelle dann eine Verdachtsstelle darstellt. Um zu entscheiden, ob es sich in der Tat um ein Maximum handelt, hilft es, die zweite Ableitung an dieser Verdachtsstelle zu betrachten.

d) Im Graph Menü lassen sich die beiden Graphen leicht zeichnen.

e) Bestimmen Sie hier, wann die Substanz S_2 die maximale Masse besitzt.

a) Ermitteln der Funktionsgleichung

exponentielle Regression

	Eingabe	Anzeige
Rufen Sie mit MENU 2 das STAT-Menü auf und löschen Sie die möglicherweise noch vorhandenen Einträge in `List 1` und `List 2`. Bewegen Sie den Cursor mit ◀ an die erste Position der ersten Liste.	MENU 2 F6 F4 F1 ▶ F4 F1 ◀	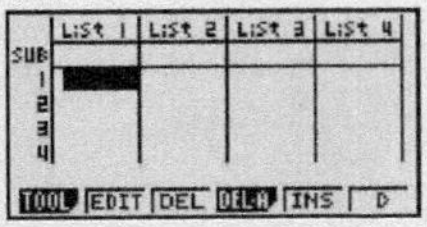
Geben Sie nun die vorgegebenen Messwerte ein:	3 EXE ▶ 2 2 . 3 1 3 EXE ◀ 1 2 . 5 EXE ▶ 0 . 1 9 3 EXE ◀ 1 4 . 5 EXE ▶ 0 . 0 7 1 EXE	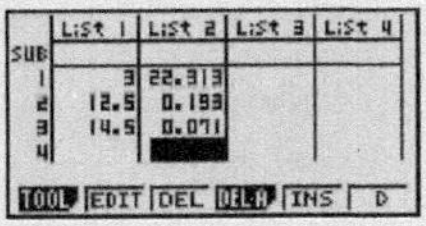
Nun können Sie mit ▷ CALC REG ▷ EXP ae^bX die Berechnung einer exponentiellen Regression anstoßen.	F6 F2 F3 F6 F2 F1	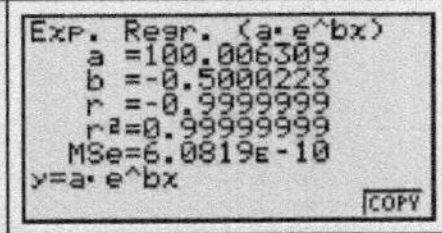
Kopieren Sie die gefundene Funktion mit COPY (F6) auf Position 1 ins GRAPH-Menü.	F6 EXE	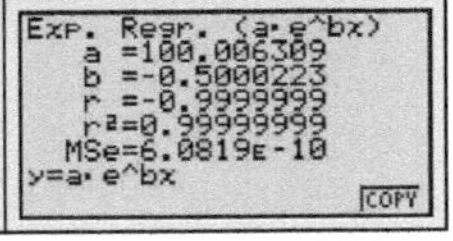

Löschen von Listen

exponentielle Regression

Kopieren einer Funktionsgleichung mit COPY

Sie haben soeben eine exponentielle Regression durchgeführt und die Ergebnisgleichung nach Y1 ins GRAPH-Menü kopiert.

a) Auf eine Stelle nach dem Komma gerundet, ergibt sich für f_1 folgende Funktionsgleichung: $f_1(x) = 100 \cdot e^{-0,5x}$

b) Berechnungen zum radioaktivem Zerfall

Auch ohne Rechner erkennen Sie, weil $e^0 = 1$, dass $f_1(0) = 100$ ist.
Die Hälfte von 100 ist 50, zur Berechnung der Halbwertszeit muss also nur die Stelle x gefunden werden, an der $f_1(x) = 50$ ist.
Das geschieht am einfachsten mit der X•CAL-Funktion von G-Solv.

Bestimmen eines x-Wertes bei vorgegebenen y-Wert mit G-Solv

	Eingabe	Anzeige
Wechseln Sie mit MENU 5 in das GRAPH-Menü.	MENU 5	Grafikfunkt.:Y= Y1=100.006309218[—] Y2=70X [—] Y3=Y2-Y1 [—] Y4=Y1/X [—] SEL DEL TYPE STYL MEM DRAW
Sie sehen, dass sich die eben ermittelte Funktion schon in der Liste der Funktionen befindet. Sie müssen diese nur noch mit SEL (F1) selektieren. Dann müssen noch die möglicherweise vorhandenen Funktionen Y2 - Y5 gelöscht werden.	F1 ▼ F2 F1 ▼ F2 F1 ▼ F2 F1 ▼ F2 F1 ▼ F2 F1 4 mal ▲	Grafikfunkt.:Y= Y1=100.006309218[—] Y2: [—] Y3: [—] Y4: [—] Y5: [—] SEL DEL TYPE STYL MEM DRAW
Starten Sie das Zeichnen mit DRAW (F6).	F6	
Sie sehen nun … einen leeren Bildschirm… Das liegt daran, dass das Betrachtungsfenster nicht richtig eingestellt ist. Sie wissen, dass der maximale Wert für y 100 ist und logischerweise der minimale 0. Nun muss man sich entscheiden, wie viel man sehen will. Ich schlage vor, bei einer Skala, die in y-Richtung bis 100 geht, einmal zu schauen, wo der y-Wert = 5 ist, und dann die nächste Zahl rechts als Grenze für den x-Wert zu nehmen. Aber das ist alles Ansichtssache! Also schauen wir einmal, wo y = 5 wird! Und zwar unter G-Solv () mit der Menüfolge ▷ X-CAL (F6 F2).	G-Solv F5 F6 F2 5 EXE	Y1=100.006309218974(e X-CAL X=5.491322775 Y=5

Ermitteln eines sinnvollen Bereichs für das Betrachtungsfenster

x-Wert berechnen mit G-Solv X-CAL

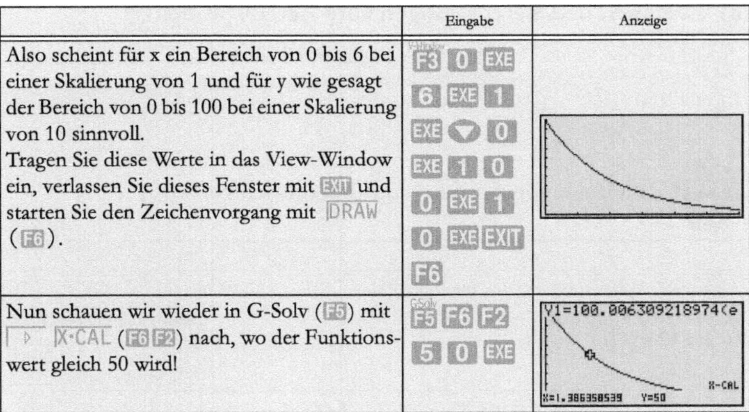

	Eingabe	Anzeige
Also scheint für x ein Bereich von 0 bis 6 bei einer Skalierung von 1 und für y wie gesagt der Bereich von 0 bis 100 bei einer Skalierung von 10 sinnvoll. Tragen Sie diese Werte in das View-Window ein, verlassen Sie dieses Fenster mit EXIT und starten Sie den Zeichenvorgang mit DRAW (F6).	F3 0 EXE 6 EXE 1 EXE ▼ 0 EXE 1 0 0 EXE 1 0 EXE EXIT F6	
Nun schauen wir wieder in G-Solv (F5) mit ▷ X-CAL (F6 F2) nach, wo der Funktionswert gleich 50 wird!	F5 F6 F2 5 0 EXE	Y1=100.006309218974(e X-CAL X=1.386358539 Y=50

Sie haben mit G-Solv ermittelt, wo die Funktion den Funktionswert 50 liefert, und den Wert 1,386358539 erhalten.

b) Zu Beobachtungsbeginn waren noch 100 mg Masse vorhanden.
Die Halbwertszeit beträgt ungefähr 1,386 Stunden.

Um die Masse zu ermitteln, die nach 6 Stunden zerfallen ist, berechnen Sie mit TRACE den Funktionswert und subtrahieren diesen von 100.

Berechnen eines Funktionswertes mit TRACE und verwenden dieses Wertes in RUN-MAT

	Eingabe	Anzeige
Rufen Sie mit F1 TRACE auf und geben Sie den zu untersuchenden x-Wert 6 ein und bestätigen Sie mit EXE.	F1 6 EXE	Y1=100.006309218974(e dY/dX=-2.489 X=6 Y=4.978352962
Sie sehen, dass nach 6 Minuten 4,978352962 mg der Masse zerfallen sind. Nun muss dieses Ergebnis von 100 subtrahiert werden. Wechseln Sie dazu in das RUN-MAT Menü RUN·MAT und löschen Sie den Bildschirm.	MENU 1 F2 F2 F1	JUMP DEL ▶MAT MATH
Nun können Sie 100-Y rechen. Der Taschenrechner hat nämlich den eben ermittelten y-Wert in der Variablen Y gespeichert.	1 0 0 − ALPHA − EXE	100-Y 95.02164704 JUMP DEL ▶MAT MATH
Damit ist der Aufgabenteil gelöst und Sie wissen, dass nach 6 Minuten noch 95,02164704 mg der Substanz S_1 vorhanden sind.		

Funktionswerte berechnen mit Trace

RUN·MAT

Zugriff auf Lösungen von Trace

Sie haben den Funktionswert an der Stelle 6 berechnet und den Wert 4,978352962 erhalten. Dann haben Sie diesen von dem Startwert (100) subtrahiert und als Differenz den Wert 95,02164704 berechnet.

c) Nach 6 Stunden sind ungefähr 95,02 mg der Substanz S_1 zerfallen. Somit sind zu diesem Zeitpunkt noch 4,98 mg vorhanden.

d) Zeichnen und Berechnungen zum Zerfallsprodukt

Zunächst geben Sie die Funktion f_2 als Funktion Y2 ein.

$$f_2(x) = 100 \cdot e^{-0,5x} \cdot (1 - e^{-0,5x})$$

Zeichnen von f_1 und f_2 und berechnen von $f_2(0)$

Eingeben einer Funktionsgleichung

	Eingabe	Anzeige
Gehen Sie mit MENU 5 zurück ins GRAPH-Menü und bewegen Sie sich mit ▽ auf die zweite Position.	MENU 5 ▽	Grafikfunkt. :Y= Y1■100.006309218[—] Y2: Y3: Y4: Y5: SEL DEL TYPE STYL GMEM DRAW
Geben Sie nun die Funktion ein: $f_2(x) = 100 \cdot e^{-0,5x} \cdot (1 - e^{-0,5x})$	1 0 0 SHIFT ln (−) 0 • 5 X,θ,T ▷ (1 − SHIFT ln (−) 0 • 5 X,θ,T ▷) EXE	Grafikfunkt. :Y= Y1■100.006309218[—] Y2■100e^-0.5X(1-e[—] Y3: Y4: Y5: SEL DEL TYPE STYL GMEM DRAW
Zeichnen Sie beide Funktionen mit DRAW (F6).	F6	
Sie sehen bereits, dass zum Zeitpunkt x = 0 noch nichts von der Substanz S2 vorhanden ist. Sie können das aber auch mit Trace leicht herausfinden. Wichtig ist hierbei nur, dass Sie mit ▽ die zweite Funktion auswählen.	F1 ▽ EXE 0 EXE	Y2=100(e^(-0.5X))(1-(dY/dX=50 X=0 Y=0

Sie haben die beiden Funktionen gezeichnet und auch rechnerisch gezeigt, dass von der Substans S_2 zum Zeitpunkt x = 0 noch nichts vorhanden ist.

e) Berechnen der maximalen Masse des Zerfallsprodukt

Sie sehen bereits an der Zeichnung, dass S_2 ein Maximum besitzt.

Man könnte auch inhaltlich argumentieren: Zu Beginn, also bei x = 0, ist von der Ausgangssubstanz noch nichts zerfallen, dem zufolge kann von Substanz S_2 noch nichts vorliegen.

Berechnen eines Maximums mit G-Solv

lokale Maxima mit G-Solv MAX

	Eingabe	Anzeige
Wählen Sie mit F5 G-Solv aus und dort MAX (F2). Wählen Sie mit ▽ die Funktion zwei aus und starten Sie die Berechnung mit EXE.	F5 F2 ▽ EXE	Y2=100(e^(-0.5X))(1-(dy/dx=0 X=1.38629441 Y=25 MAX

Sie haben das Maximum der Funktion f2 berechnet und den Punkt (1,39/25) erhalten (gerundet)..

e) Nach ungefähr 1,39 Stunden existiert die maximale Masse der Substanz S_2. Diese beträgt 25 mg.

Kapitel 8

Marktforschung Käuferwanderung

MATRIX

Marktforschung Käuferwanderung[1]

In dem kleinen Zwergstaat Casioland erscheinen wöchentlich drei Zeitschriften:

A) Abitur mit dem Casio fx-9860GII
B) Berechnungen mit dem Casio fx-9860GII
C) Calculating with the Casio fx-9860GII

Von den Käufern der Illustrierten A in *dieser* Woche kaufen in der *folgenden* Woche
70% wieder A, 10% kaufen B und 20% C.

Von den Käufern der Illustrierten B kaufen in der Folgewoche wieder
40% B, während 20% A und 40% C kaufen.

Die Käufer der Illustrierten C kaufen zu
50% wieder C, während 40% A und 10% B kaufen.

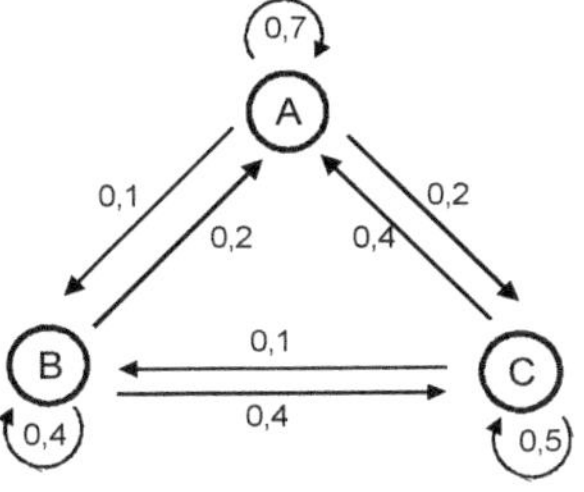

Zu Beginn der Untersuchung haben die Zeitschriften folgende Marktanteile pro Woche:

A: 40%, B: 20%, C: 40%, bezogen auf eine Menge von 60 000 Kunden.

Aufgabenstellung:

a) Wie viele Exemplare der Zeitschriften A, B und C wurden in der ersten Woche verkauft?

b) Wie viele Zeitschriften wurden in der dritten und vierten und fünften Woche verkauft?

c) Berechnen Sie direkt, wie viele Exemplare in der 10., 15. und 20. Woche verkauft werden.

d) Berechnen Sie, wie viele Exemplare nach Stabilisierung der Verkaufszahlen zukünftig verkauft werden!

1. Die Idee zu dieser Aufgabe entstammt einer Selbstlernaufgabe des SelMa-Modellversuchs

Lösungsstrategie

a) Erfassen Sie zunächst einmal die Käuferwanderung pro Woche in einer Verteilungsmatrix A.
Die Verkaufszahlen der Startwoche (also der 0. Woche) werden in einem Käufervektor B erfasst.
Nun können durch Multiplikation der Matrix A mit dem Vektor B die Verkaufszahlen für die erste Woche ermittelt werden.

b) Sie erhalten das Ergebnis der 2. Woche, indem Sie das Ergebnis der 1. Woche wieder mit dem Käufervektor B multiplizieren. Für die 3., 4. und 5. Woche können Sie ähnlich vorgehen.

c) Hier können Sie ähnlich wie in Aufgabe b) verfahren oder mit Potenzen von Matrizen rechnen.

d) Hier müssen Sie zunächst einmal wieder „Mathematik" betreiben und einen stabilen Käufervektor S suchen für den sich das Matrixprodukt $A^n \cdot S$ nicht mehr ändert.

a) Berechnen der Verkaufszahlen der ersten Woche

Um einen Überblick über die wöchentliche Käuferwanderung zu bekommen, sollte zunächst eine Tabelle erstellt werden:

	A: (gibt ab an)	B: (gibt ab an)	C: (gibt ab an)
A: (erhält von)	0,7	0,2	0,4
B: (erhält von)	0,1	0,4	0,1
C: (erhält von)	0,2	0,4	0,5

Die Tabelle ist so zu lesen, dass in den Spalten die wöchentliche prozentuale Abgabe von Lesern zu sich selbst und den anderen Zeitschriften zu finden ist. Die Spaltensumme ist hier immer 1.
In den Zeilen ist notiert, wie viele Leser wöchentlich von welcher Zeitschrift hinzugewonnen werden.
Diese Tabelle lässt sich auch als Verteilungsmatrix A notieren:

Verteilungsmatrix

$$A = \begin{bmatrix} 0{,}7 & 0{,}2 & 0{,}4 \\ 0{,}1 & 0{,}4 & 0{,}1 \\ 0{,}2 & 0{,}4 & 0{,}5 \end{bmatrix}$$

Um die Käuferzahlen zu Beginn dieser Betrachtung (also der 0. Woche) zu ermitteln, müssen die prozentualen Marktanteile auf den Käuferstamm von 60 000 Kunden bezogen werden. Es ergibt sich also
Zeitschrift A: $0{,}4 \cdot 60\,000 = 24\,000$
Zeitschrift B: $0{,}2 \cdot 60\,000 = 12\,000$
Zeitschrift C: $0{,}4 \cdot 60\,000 = 24\,000$

Diese Käuferzahlen der 0. Woche lassen sich als Käufervektor B[1] notieren:

Käufervektor

$$B = \begin{bmatrix} 24000 \\ 12000 \\ 24000 \end{bmatrix}$$

Die Käuferzahlen der Zeitschrift A in der ersten Woche erhält man, wenn man gemäß der ersten Zeile der Tabelle berechnet: 0,7 von 24 000 + 0,2 von 12 000 + 0,4 von 24 000, also
$0{,}7 \cdot 24\,000 + 0{,}2 \cdot 12\,000 + 0{,}4 \cdot 24\,000 = 28\,800.$
Um dies nun mit einer Rechnung für alle Zeitschriften in einem Schritt zu tun, bietet sich die Matrizenmultiplikation an, denn diese ist wie folgt definiert:

$$\begin{bmatrix} a_{11} & a_{12} & a_{13} \\ a_{21} & a_{22} & a_{23} \\ a_{31} & a_{32} & a_{33} \end{bmatrix} \cdot \begin{bmatrix} b_x \\ b_y \\ b_z \end{bmatrix} = \begin{bmatrix} a_{11} \cdot b_x + a_{12} \cdot b_y + a_{13} \cdot b_z \\ a_{21} \cdot b_x + a_{22} \cdot b_y + a_{23} \cdot b_z \\ a_{31} \cdot b_x + a_{32} \cdot b_y + a_{33} \cdot b_z \end{bmatrix}$$

Nun können wir die Berechnung mit dem Taschenrechner starten.

1. In diesem Kapitel notiere ich den Käufervektor B als Matrix, d. h. ohne Pfeil. Machen Sie sich immer wieder klar, dass B ein Vektor ist.

Eingeben von Matrizen

		Eingabe	Anzeige
RUN-MAT	Wechseln Sie mit [MENU] [1] in das RUN-MAT Menü [RUN-MAT] und löschen Sie mit [DEL] [DEL·A] (und [F1])den Bildschirm.	MENU 1 F2 F2 F1	JUMP DEL ▸MAT MATH
Matrixspeicher wählen	Wählen Sie mit [F3] das [▸MAT]-Menü	F3	Matrix Mat A :None Mat B :None Mat C :None Mat D :None Mat E :None Mat F :None DEL DEL·A DIM
Dimension einer Matrix festlegen	Definieren Sie mit [EXE] Matrix A	EXE	Dimension m×n m :1 n :1 Mat F :None DEL DEL·A DIM
Eingeben einer Matrix	Und zwar als 3 × 3-Matrix, in dem Sie jeweils eine 3 eingeben und mit [EXE] bestätigen. Wenn Sie nun alles nochmals mit [EXE] bestätigen, gelangen Sie zu einer Eingabemaske.	3 EXE 3 EXE EXE	A 1 2 3 1 0 0 0 2 0 0 0 3 0 0 0 0 R-OP ROW COL EDIT
	Hier können Sie nun Matrix A $A = \begin{bmatrix} 0{,}7 & 0{,}2 & 0{,}4 \\ 0{,}1 & 0{,}4 & 0{,}1 \\ 0{,}2 & 0{,}4 & 0{,}5 \end{bmatrix}$ eingeben. **Sie können sich die Eingabe einer Null vor dem Komma sparen, wenn Sie die Eingabe der Zahl direkt mit der [·]-Taste beginnen.**	· 7 EXE · 2 EXE · 4 EXE · 1 EXE · 4 EXE · 1 EXE · 2 EXE · 4 EXE · 5 EXE	A 1 2 3 1 0.7 0.2 0.4 2 0.1 0.4 0.1 3 0.2 0.4 0.5 0.5 R-OP ROW COL EDIT
	Nun können Sie das Eingabefeld mit [EXIT] verlassen und mit [▼] [EXE] die Dimension der neu einzugebenen Matrix B bestimmen.	EXIT ▼ EXE	Dimension m×n m :1 n :1 Mat F :None DEL DEL·A DIM
	Diese soll ja die Dimension 3 × 1 haben. Also geben Sie 3 für die Anzahl der Zeilen und 1 für die Anzahl der Spalten ein. Bestätigen Sie jeweils mit [EXE]. Mit einem abschließenden [EXE] gelangen Sie wieder zur Eingabemaske.	3 EXE 1 EXE EXE	B 1 1 0 2 0 3 0 0 R-OP ROW COL EDIT

	Eingabe	Anzeige
Hier können Sie nun Matrix B eingeben: $$B = \begin{bmatrix} 24000 \\ 12000 \\ 24000 \end{bmatrix}$$	2 4 0 0 0 EXE 1 2 0 0 0 EXE 2 4 0 0 0 EXE	B 1: 24000, 12000, 24000; 24000; R-OP ROW COL EDIT
Verlassen Sie die Eingabemaske mit EXIT und verlassen Sie darauf das ▸MAT-Menü ebenfalls mit EXIT.	EXIT EXIT	JUMP DEL ▸MAT MATH

Sie haben die Matrizen A und B erfasst und können nun hiermit rechnen.

Multiplizieren von Matrizen

multiplizieren von Matrizen

	Eingabe	Anzeige
Sie können auf dem Matrixspeicher A zugreifen, indem Sie zunächst mit SHIFT 2 (es erscheint `Mat` auf dem Bildschirm) einen Bezug zum Matrizenspeicher herstellen und dann mit ALPHA X,θ,T die gewünschte Variable A einfügen.	SHIFT 2 (MAT) ALPHA X,θ,T (A)	Mat A; JUMP DEL ▸MAT MATH
Den Multiplikationsoperator erreichen Sie über die bekannte ×-Taste. Geben Sie dann auf dieselbe Weise wie `Mat A`, die Matrix `Mat B` ein und starten Sie die Berechnung mit EXE.	× SHIFT 2 (MAT) ALPHA log (B) EXE	Mat A×Mat B; [28800, 9600, 21600]; JUMP DEL ▸MAT MATH

Sie haben nun ihre erste Matrixmultiplikation mit dem CASIO fx-9860GII durchgeführt.

Der hier erhaltene Ergebnisvektor gibt die Käuferzahlen der ersten Woche der Zeitschriften A, B und C an. Sie sehen, dass für die Käuferzahlen der Zeitschrift A (1. Wert des Vektors) das bereits auf S. 101 berechnete Ergebnis bestätigt wird.
Notieren Sie die Ergebnisse für die 0. und die 1. Woche in der Tabelle auf S. 105.

a) In der ersten Woche wurden 28 800 Exemplare der Zeitschrift A, 9 600 Exemplare der Zeitschrift B und 21 600 Exemplare der Zeitschrift C verkauft.

b) Berechnen der Verkaufszahlen der 3., 4. und 5. Woche

Um die Verkaufszahlen der Folgewochen zu bestimmen, müssen Sie das Ergebnis der vorhergehenden Woche mit der Verteilungsmatrix A multiplizieren.

Verwenden des Antwortspeichers für Matrizen (MatAns)

Antwortspeicher für Matrizen

	Eingabe	Anzeige
Um die Verkaufszahlen für die zweite Woche zu berechnen, müssen Sie die Matrix A mit dem soeben erhaltenen Ergebnis $\begin{bmatrix}28800\\9600\\21600\end{bmatrix}$ multiplizieren. Dieses Ergebnis erreichen Sie über `Mat Ans`. Geben Sie also zuerst `Mat A` ein, dann den Multiplikationsoperator ✕ und dann `Mat Ans`. Bestätigen Sie diese Operation mit EXE.	SHIFT 2 (MAT) ALPHA X,θ,T (A) ✕ SHIFT 2 (MAT) SHIFT (−) (ANS) EXE	21600] Mat A×Mat Ans [30720 8880 20400] JUMP DEL ▶MAT MATH

Sie haben den Antwortspeicher für Matrizen verwendet und die Verkaufszahlen der zweiten Woche berechnet.

Notieren Sie die eben berechneten Verkaufszahlen in der Tabelle auf S. 105 und fahren Sie dann fort.

Verwenden von CLIP / PASTE für Matrizenrechnungen

CLIP

PASTE

	Eingabe	Anzeige
Bewegen Sie sich mit dem Cursor zwei Positionen nach oben und kopieren Sie die Zeile `Mat A×Mat Ans` mit der CLIP-Funktion (SHIFT 8) und dann CPY·L (F1). Bewegen Sie sich dann wieder in die Eingabezeile zurück.	2 mal ▲ SHIFT 8 (CLIP) F1 2 mal ▼	21600] Mat A×Mat Ans [30720 8880 20400] JUMP DEL ▶MAT MATH
Fügen Sie nun die eben kopierte Zeile mit der PASTE-Funktion (SHIFT 9) ein und bestätigen Sie mit EXE.	SHIFT 9 (PASTE) EXE	20400] Mat A×Mat Ans [31440 8664 19896] JUMP DEL ▶MAT MATH
Sie haben nun die Verkaufszahlen für die dritte Woche berechnet. Notieren Sie diese in der Tabelle auf S. 105.		
Berechnen Sie nun das Ergebnis für die vierte Woche, indem Sie einfach mit der PASTE-Funktion die kopierte Zeile einfügen und mit EXE bestätigen.	SHIFT 9 (PASTE) EXE	19896] Mat A×Mat Ans [31699.2 8599.2 19701.6] JUMP DEL ▶MAT MATH
Notieren Sie das Ergebnis für die vierte Woche in der Tabelle auf S. 105.		

	Eingabe	Anzeige
Für die fünfte Woche ist die Vorgehensweise ähnlich.	SHIFT 9 (PASTE) EXE	19701.6 / Mat A×Mat Ans / 31789.92 / 8579.76 / 19630.32 / JUMP DEL ▸MAT MATH
Notieren Sie auch dieses Ergebnis in der Tabelle auf S. 105.		

Sie haben mithilfe des Rechnungsablaufspeichers die Verkaufszahlen für die 3. bis 5. Woche berechnet.

Übersicht über die verkauften Exemplare der Zeitschriften A, B und C für die ersten fünf Wochen.

Woche	Zeitschrift	Verkaufszahlen
0	**A**	
	B	
	C	
1	**A**	
	B	
	C	
2	**A**	
	B	
	C	
3	**A**	
	B	
	C	
4	**A**	
	B	
	C	
5	**A**	
	B	
	C	

b) Die Verkaufszahlen der Zeitschriften A, B und C für die ersten fünf Wochen haben Sie selbstständig in die obige Tabelle eingetragen.

c) Berechnen der Verkaufszahlen für die 10., 15. und 20. Woche

Um die Verkaufszahlen für die 10., 15. und 20. Woche zu berechnen, könnten Sie natürlich wie unter b) gezeigt vorgehen und die Rechnung 10, 15 und 20-mal durchführen.
Es gibt aber eine etwas intelligentere Lösung, mit der Sie die Verkaufszahlen für eine beliebige Woche direkt berechnen können.
Hierzu sind aber ein paar Überlegungen notwendig.

Herleiten einer Methode zur direkten Bestimmung der Käuferzahlen für eine bestimmte Woche

Bei unserer ersten Matrizenmultiplikation auf S. 103 haben wir berechnet:
$A \cdot B$, also

$$\begin{bmatrix} 0{,}7 & 0{,}2 & 0{,}4 \\ 0{,}1 & 0{,}4 & 0{,}1 \\ 0{,}2 & 0{,}4 & 0{,}5 \end{bmatrix} \cdot \begin{bmatrix} 24000 \\ 12000 \\ 24000 \end{bmatrix} = \begin{bmatrix} 28800 \\ 9600 \\ 21600 \end{bmatrix}$$

Bei unserer 2. Matrizenmultiplikation auf S. 104 haben wir das Ergebnis $\begin{bmatrix} 28800 \\ 9600 \\ 21600 \end{bmatrix}$ benutzt, um zu berechnen:

$$\begin{bmatrix} 0{,}7 & 0{,}2 & 0{,}4 \\ 0{,}1 & 0{,}4 & 0{,}1 \\ 0{,}2 & 0{,}4 & 0{,}5 \end{bmatrix} \cdot \begin{bmatrix} 28800 \\ 9600 \\ 21600 \end{bmatrix} = \begin{bmatrix} 30720 \\ 8880 \\ 20400 \end{bmatrix}$$

Statt $\begin{bmatrix} 28800 \\ 9600 \\ 21600 \end{bmatrix}$ kann man aber auch schreiben: $\begin{bmatrix} 0{,}7 & 0{,}2 & 0{,}4 \\ 0{,}1 & 0{,}4 & 0{,}1 \\ 0{,}2 & 0{,}4 & 0{,}5 \end{bmatrix} \cdot \begin{bmatrix} 24000 \\ 12000 \\ 24000 \end{bmatrix}$.

Also ist auch

$$\begin{bmatrix} 0{,}7 & 0{,}2 & 0{,}4 \\ 0{,}1 & 0{,}4 & 0{,}1 \\ 0{,}2 & 0{,}4 & 0{,}5 \end{bmatrix} \cdot \begin{bmatrix} 0{,}7 & 0{,}2 & 0{,}4 \\ 0{,}1 & 0{,}4 & 0{,}1 \\ 0{,}2 & 0{,}4 & 0{,}5 \end{bmatrix} \cdot \begin{bmatrix} 24000 \\ 12000 \\ 24000 \end{bmatrix} = \begin{bmatrix} 30720 \\ 8880 \\ 20400 \end{bmatrix}$$ oder auch

$$\begin{bmatrix} 0{,}7 & 0{,}2 & 0{,}4 \\ 0{,}1 & 0{,}4 & 0{,}1 \\ 0{,}2 & 0{,}4 & 0{,}5 \end{bmatrix}^2 \cdot \begin{bmatrix} 24000 \\ 12000 \\ 24000 \end{bmatrix} = \begin{bmatrix} 30720 \\ 8880 \\ 20400 \end{bmatrix}$$

Die Käuferzahlen für die 2. Woche ergeben sich also aus:

$$A^2 \cdot B = \begin{bmatrix} 30720 \\ 8880 \\ 20400 \end{bmatrix}$$

Für die dritte Woche ergibt sich in ähnlicher Weise:

$$\begin{bmatrix} 0{,}7 & 0{,}2 & 0{,}4 \\ 0{,}1 & 0{,}4 & 0{,}1 \\ 0{,}2 & 0{,}4 & 0{,}5 \end{bmatrix}^3 \cdot \begin{bmatrix} 24000 \\ 12000 \\ 24000 \end{bmatrix} = \begin{bmatrix} 31440 \\ 8664 \\ 19896 \end{bmatrix}$$

also

$$A^3 \cdot B = \begin{bmatrix} 31440 \\ 8664 \\ 19896 \end{bmatrix}$$

Überprüfen wir diese Überlegungen einmal mit dem Taschenrechner:

Potenzieren von Matrizen

Potenzieren von Matrizen

	Eingabe	Anzeige
Verwenden Sie `Mat A`, benutzen Sie den Exponentialoperator (^), geben die Potenz (3) ein, den Multiplikationsoperator (×) und schließlich `Mat B`. Zu guter Letzt bestätigen Sie mit EXE.	SHIFT 2 ALPHA X,θ,T ^ 3 ▶ × SHIFT 2 ALPHA log EXE	[19630.32] Mat A³×Mat B [31440] [8664] [19896] JUMP DEL ▶MAT MATH

Sie haben durch die Multiplikation der 3. Potenz der Matrix A mit dem Käufervektor B die Käuferzahlen für die 3. Woche bestimmt und damit die theoretischen Überlegungen von vorhin bestätigt.

Berechnen Sie nun die Käuferzahlen für die 10., 15. und 20. Woche und notieren Sie die Ergebnisse in der Tabelle auf S. 108.

Rechnen mit Matrizen

	Eingabe	Anzeige
Bewegen Sie sich mit dem Cursor zwei Positionen nach oben und kopieren Sie die Zeile `Mat A³×Mat B` mit der CLIP-Funktion (SHIFT 8) und dann CPY·L (F1). Bewegen Sie sich nun wieder in die Eingabezeile zurück.	2 mal ▲ SHIFT 8 F1 2 mal ▼	[19630.32] Mat A³×Mat B [31440] [8664] [19896] JUMP DEL ▶MAT MATH
Fügen Sie nun die eben kopierte Zeile mit der PASTE-Funktion (SHIFT 9) ein. Ändern Sie nun die 3 in eine 10 und bestätigen Sie mit EXE.	SHIFT 9 4 mal ◀ DEL 1 0 EXE	[19896] Mat A¹⁰×Mat B [31836.55345] [8571.448817] [19591.99773] JUMP DEL ▶MAT MATH
Notieren Sie das auf Vorkommastellen gerundete Ergebnis in der Tabelle auf S. 108		
Nun fügen Sie wieder die kopierte Zeile ein und ändern diesmal die 3 in eine 15 und bestätigen mit EXE.	SHIFT 9 4 mal ◀ DEL 1 5 EXE	[19591.99773] Mat A¹⁵×Mat B [31836.73409] [8571.428621] [19591.83729] JUMP DEL ▶MAT MATH

CLIP

PASTE

	Eingabe	Anzeige
Notieren Sie das auf Vorkommastellen gerundete Ergebnis in der Tabelle auf S. 108		
Nun noch einmal dasselbe für die Potenz 20!	SHIFT 9 (PASTE) 4 mal ◀ DEL 2 0 EXE	[19591.83729] Mat A^20×Mat B [31836.73469] [8571.428572] [19591.83674] DEL·L DEL·A
Notieren Sie das auf Vorkommastellen gerundete Ergebnis in der Tabelle auf S. 108		

Übersicht über die verkauften Exemplare der Zeitschriften A, B und C für die Wochen 10, 15 und 20.

Woche	Zeitschrift	Verkaufszahlen
10	**A**	
	B	
	C	
15	**A**	
	B	
	C	
20	**A**	
	B	
	C	

c) Die Verkaufszahlen der Zeitschriften A, B und C für die 10., 15. und 20. Woche haben Sie selbstständig in die obige Tabelle eingetragen.

Wenn Sie die Ergebnisse der 10., 15. und 20. Woche betrachten, so sehen Sie, dass sich die Vorkommastellen der Ergebnisse nicht mehr ändern.
Heißt das also, dass irgendwann eine Stabilisierung erfolgt?

d) Berechnung der Verkaufszahlen nach einer Stabilisierung

Überlegungen zu einem stabilen Käufervektor S

stabilier Käufervektor

Wenn der Käufervektor B stabil sein soll, so darf er sich durch das Matrixprodukt $A^n \cdot B$ nicht mehr ändern, d. h. für diesen stabilen Vektor S muss gelten:

$A \cdot S = S \Leftrightarrow A \cdot S - S = 0^*$

Nun gibt es die Einheitsmatrix E, für die gilt $E \cdot V = V$
also beispielsweise für einen dreidimensionalen Vektor V:

$$\begin{bmatrix} 1 & 0 & 0 \\ 0 & 1 & 0 \\ 0 & 0 & 1 \end{bmatrix} \cdot \begin{bmatrix} x \\ y \\ z \end{bmatrix} = \begin{bmatrix} x \\ y \\ z \end{bmatrix}$$

Somit gilt nach der Gleichung* von eben:

$A \cdot S - E \cdot S = 0 \Leftrightarrow (A - E) \cdot S = 0$

Wir suchen nun einen Vektor S für den dies gilt.

Zunächst müssen wir zunächst einmal A-E berechnen:
Die Subtraktion von Matrizen ist wie folgt definiert:

$$\begin{bmatrix} a_{11} & a_{12} & a_{13} \\ a_{21} & a_{22} & a_{23} \\ a_{31} & a_{32} & a_{33} \end{bmatrix} - \begin{bmatrix} b_{11} & b_{12} & b_{13} \\ b_{21} & b_{22} & b_{23} \\ b_{31} & b_{32} & b_{33} \end{bmatrix} = \begin{bmatrix} a_{11}-b_{11} & a_{12}-b_{12} & a_{13}-b_{13} \\ a_{21}-b_{21} & a_{22}-b_{22} & a_{23}-b_{23} \\ a_{31}-b_{31} & a_{32}-b_{32} & a_{33}-b_{33} \end{bmatrix}$$

Subtraktion von Matrizen

	Eingabe	Anzeige
`Mat A` können Sie wie gewohnt eingeben. Der Differenzoperator ist das einfache Minuszeichen (-). Die Einheitsmatrix können Sie mit dem Befehl `Identity` unter Angabe der gewünschten Dimension erzeugen. Sie erreichen diesen Befehl mit der OPTN-Taste, dann MAT ▷ Rref Iden (F2 F6 F1). Nun müssen Sie noch mit 3, die Dimension der gewünschten Einheitsmatrix angeben und mit EXE bestätigen.	SHIFT 2 (MAT) ALPHA X,θ,T (A) – OPTN F2 F6 F1 3 EXE	[19591.83729] Mat A-Identity 3 [-0.3 0.2 0.4] [0.1 -0.6 0.1] [0.2 0.4 -0.5] Iden Dim Fill Ref Rref ▷
Diese Matrix brauchen wir später noch und speichern sie deshalb in den Matrizenspeicher C (Mat C). Dies geschieht, ähnlich wie bei Zahlen mit dem Pfeiloperator (→).	→ SHIFT 2 (MAT) ALPHA ln (C) EXE	[0.2 0.4 -0.5] Mat Ans→Mat C [-0.3 0.2 0.4] [0.1 -0.6 0.1] [0.2 0.4 -0.5] Iden Dim Fill Ref Rref ▷

Subtrahieren von Matrizen

Einheitsmatrix

speichern von Matrizen

Sei haben nun eine Subtraktion von Matrizen durchgeführt und das Ergebnis in Matrix C gespeichert.

Ermitteln des stabilen Käufervektors S

Es ist zu lösen:

$$\begin{bmatrix} -0{,}3 & 0{,}2 & 0{,}4 \\ 0{,}1 & -0{,}6 & 0{,}1 \\ 0{,}2 & 0{,}4 & -0{,}5 \end{bmatrix} \cdot \begin{bmatrix} x \\ y \\ z \end{bmatrix} = 0 \text{ also}$$

(I)	-0,3 x	+	0,2 y	+	0,4 z	= 0
(II)	0,1 x	-	0,6 y	+	0,1 z	= 0
(III)	0,2 x	+	0,4 y	-	0,5 z	= 0

Dies geschieht am einfachsten mit dem Ihnen schon bekannten `Rref`-Befehl (engl. Reduced row echelon form).
Hierfür ist jedoch eine erweiterte 3 × 4 Matrix nötig.

Es muss also an Matrix A eine Spalte $\begin{bmatrix} 0 \\ 0 \\ 0 \end{bmatrix}$ angefügt werden.

Dies geschieht mit dem Befehl `Augment` (engl. vermehren).

Zusammenfügen zweier Matrizen

Zusammenfügen von Matrizen

	Eingabe	Anzeige
Zunächst muss einmal der Befehl Augment (engl. vermehren) eingegeben werden. Sie finden ihn mit der OPTN-Taste im Menü MAT Aug (F2 F5). Dann geben Sie als Argument `Mat C` ein und benutzen als Separator das Komma (`,`) und nicht den Punkt (`.`).	OPTN F2 F5 SHIFT 2 (MAT) ALPHA ln (C) ,	Mat Ans→Mat C -0.3 0.2 0.4 0.1 -0.6 0.1 0.2 0.4 -0.5 Augment(Mat C, Mat M↔L Det Trn AUG
Die neue Spalte $\begin{bmatrix} 0 \\ 0 \\ 0 \end{bmatrix}$ können Sie direkt eingeben. Die Schablone hierfür erreichen Sie wie folgt: Zunächst müssen Sie mit 2 mal EXIT die Option-Menüstruktur verlassen. Nun den Befehl MATH MAT m×n (F4 F1 F3) auswählen.	EXIT EXIT F4 F1 F3	Dimension m×n m :4 n :5 Augment(Mat C, 2×2 3×3 m×n

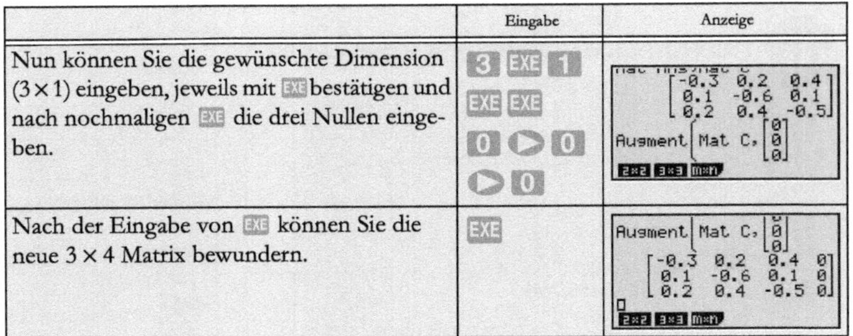

	Eingabe	Anzeige
Nun können Sie die gewünschte Dimension (3×1) eingeben, jeweils mit EXE bestätigen und nach nochmaligen EXE die drei Nullen eingeben.	3 EXE 1 EXE EXE 0 ▶ 0 ▶ 0	Augment(Mat C, [0; 0; 0])
Nach der Eingabe von EXE können Sie die neue 3×4 Matrix bewundern.	EXE	[-0.3 0.2 0.4 0; 0.1 -0.6 0.1 0; 0.2 0.4 -0.5 0]

Sie haben zwei Matrizen mit dem Augment Befehl erfolgreich zusammengeführt.

Lösen eines Gleichungssystems mit Rref

Lösen eines Gleichungssytems mit Rref

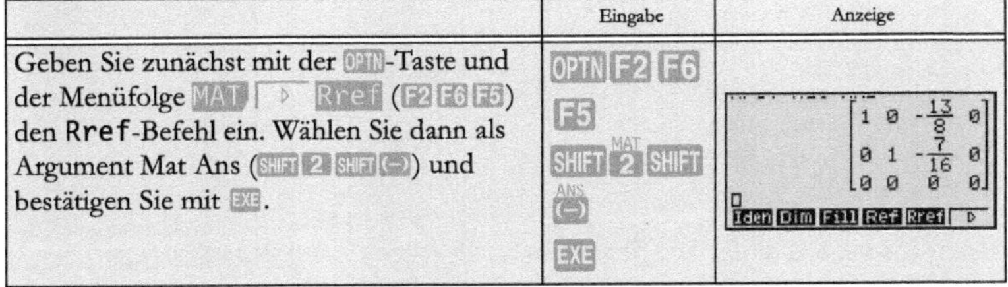

	Eingabe	Anzeige
Geben Sie zunächst mit der OPTN-Taste und der Menüfolge MAT ▷ Rref (F2 F6 F5) den `Rref`-Befehl ein. Wählen Sie dann als Argument Mat Ans (SHIFT 2 SHIFT (−)) und bestätigen Sie mit EXE.	OPTN F2 F6 F5 SHIFT 2 SHIFT (−) EXE	$\begin{bmatrix} 1 & 0 & -\frac{13}{8} & 0 \\ 0 & 1 & -\frac{7}{16} & 0 \\ 0 & 0 & 0 & 0 \end{bmatrix}$

Sie haben ein unterbestimmtes Gleichungssystem mit Rref gelöst.

An der letzten Zeile, die nur Nullen enthält, erkennen Sie, dass das Gleichungssystem unterbestimmt ist. Sie können also einen Parameter frei wählen.
Mit z = 1 würde sich ergeben:

$$x - \frac{13}{8} z = 0 => x = \frac{13}{8}$$

$$y - \frac{7}{16} z = 0 => y = \frac{7}{16}$$

Ein stabiler Käufervektor wäre also $\begin{bmatrix} \frac{13}{8} \\ \frac{7}{16} \\ 1 \end{bmatrix}$ oder nach einer Multiplikation mit 16: $\begin{bmatrix} 26 \\ 7 \\ 16 \end{bmatrix}$

Probieren wir das einmal aus:

Überprüfen des stabilen Käufervektors

Eingeben einer Matrix

	Eingabe	Anzeige
Wählen Sie zunächst Matrix D als Speicherort.	EXIT EXIT F3 3 mal ▽ EXE	
Wählen Sie dann als Dimension 3 × 1	3 EXE 1 EXE EXE	
Geben Sie nun den Vektor $\begin{bmatrix} 26 \\ 7 \\ 16 \end{bmatrix}$ ein.	2 6 EXE 7 EXE 1 6 EXE EXIT EXIT	
Nun können Sie $\begin{bmatrix} -0{,}3 & 0{,}2 & 0{,}4 \\ 0{,}1 & -0{,}6 & 0{,}1 \\ 0{,}2 & 0{,}4 & -0{,}5 \end{bmatrix} \cdot \begin{bmatrix} 26 \\ 7 \\ 16 \end{bmatrix}$ berechnen, indem Sie `Mat C×Mat D` berechnen.	SHIFT 2 (MAT) ALPHA ln (C) × SHIFT 2 (MAT) ALPHA sin (D) EXE	

Sie haben eine Matrizenmultiplikation durchgeführt. Der errechnete stabile Käufervektor scheint richtig zu sein.

Der Käufervektor bezieht sich auf 26 + 7 + 16 = 49 Käufer. Um letztendlich die stabile Zahl der Käufer in Casioland ermitteln zu können, muss sich dieser Vektor auf die gesamten 60 000 Käufer beziehen.

Der eben berechnete Käufervektor muss also durch 49 geteilt und mit 60 000 multipliziert werden!

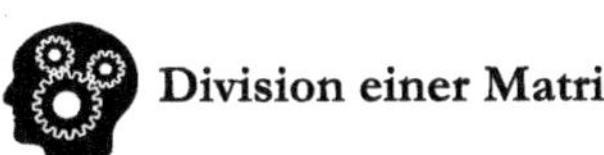

Division einer Matrix

Dividieren von Matrizen

	Eingabe	Anzeige
Dividieren Sie den Käufervektor, also `Matrix D` durch 49.	SHIFT 2 (MAT) ALPHA sin (D) ÷ 4 9 EXE	Mat D÷49 [0.5306122449] [0.1428571429] [0.3265306122] JUMP DEL ▶MAT MATH
Und multiplizieren Sie das Ergebnis nun mit 60 000.	× 6 0 0 0 0 EXE	[0.3265306122] Mat Ans×60000 [31836.73469] [8571.428571] [19591.83673] JUMP DEL ▶MAT MATH

Sie haben eine Division und eine Multiplikation durchgeführt und somit die stabile Anzahl der Käufer ermittelt.

d) Nach einer Stabilisierung ergeben sich folgende Verkaufszahlen:
Zeitschrift A: 31 837
Zeitschrift B: 8 571
Zeitschrift C: 19 592

Kapitel 9

Stochastik in der Fahrschule[1]

Ein Jahr nach Eröffnung seiner Fahrschule macht Fahrlehrer Franz Fahn seine Jahresstatistik. Hierbei stellt er fest, dass 14 von 70 Kandidaten der Klasse B die praktische Prüfung nicht bestanden haben.

Herr Fahn berechnet, dass nur 20% seiner Fahrschüler in der praktischen Prüfung zur Klasse B durchfallen.

Aufgabenstellung:

I. Nehmen Sie zunächst an, die Durchfallquote wäre tatsächlich p=20%.

a) Wie groß ist die Wahrscheinlichkeit, dass bei einer Stichprobe von 70 Prüflingen x Kandidaten die Prüfung nicht bestehen? Berechnen Sie P(x) im Bereich [9;19] und stellen Sie das Ergebnis als Balkendiagramm dar.

b) Wie groß ist die Wahrscheinlichkeit, dass man (i) weniger als 14 (ii) mehr als 14 (iii) 7 bis 21 Fahrschüler findet, die durch die praktische Prüfung gefallen sind?

c) Bestätigen Sie, dass die Laplace-Bedingung erfüllt ist. Bestimmen Sie mit der Faustformel das 90%-Sicherheitsintervall.

d) Überprüfen Sie mit Hilfe der Binomialverteilung, wie sicher das in c) gefundene Intervall tatsächlich ist!

II. Welche Aussagen kann man *tatsächlich* aufgrund der Daten von Fahrlehrer Fahns Untersuchung treffen?

e) Überprüfen Sie, ob eine angenommene Durchfallquote von 25% in der Gesamtheit mit den Daten von Fahrlehrer Fahn verträglich wäre (90% Sicherheit).

f) Bestimmen Sie das 90%-Konfidenzintervall der Durchfallquoten auf der Grundlage von Fahrlehrer Fahns ermittelten Daten!

Fahrlehrer Fahn weiß, dass es für die theoretische Prüfung eine unbekannte Anzahl von unterschiedlichen offiziellen Prüfbögen gibt, die bei der theoretischen Fahrprüfung zufällig an die Prüflinge verteilt werden.

Fahrlehrer Fahn ist hierbei ein ganz besonderer Testbogen aufgefallen. Hier wurde nämlich nach der gerade noch zulässigen Profiltiefe für PKW-Reifen gefragt.

Da er während der theoretischen Prüfung seiner Schützlinge im letzten Jahr nicht viel zu tun hatte, ermittelte er für jeden Monat den prozentualen Anteil, mit dem der Fragebogen in der Vergangenheit ausgeteilt wurde:

Fragebogen mit „Profiltiefe“	Jan	Feb	Mrz	Apr	Mai	Jun
	17	13	18	10	18	17

Fragebogen mit „Profiltiefe“	Jul	Aug	Sep	Okt	Nov	Dez
	11	10	14	18	15	19

g) Kann unter gleichen Prüfungsbedingungen mit 95%iger Wahrscheinlichkeit ausgeschlossen werden, dass der prozentuale Anteil dieses Fragebogens im nächsten Monat 20% beträgt?

1. Die Idee zu dieser Aufgabe entstammt einer Selbstlernaufgabe des SelMa-Modellversuchs.

Lösungsstrategie

a) Es handelt sich hier um einen n-Stufigen Bernoulli-Versuch. Sie können also die Formel für die Binomialverteilung verwenden:

$$P(x) = \binom{n}{x} \cdot p^x \cdot (1-p)^{n-x}$$

Diese Formel ist direkt im fx-9860GII eingebaut und Sie können eine Liste mit den entsprechenden Werten erzeugen und sich dann ein Balkendiagramm zeichnen lassen.

b) Bei diesem Aufgabenteil geht es darum, Summen von Wahrscheinlichkeiten zu berechnen. Hierbei hilft die unter a) dargestellte Formel.

c) Wenn die Laplace-Bedingung erfüllt ist, d. h., wenn

$\sigma = \sqrt{n \cdot p \cdot (1-p)} > 3$ ist, berechnet sich das geforderte 90%-Sicherheitsintervall wie folgt:

$[\mu - 1,64 \cdot \sigma; \mu + 1,64 \cdot \sigma]$

d) Hier müssen ähnlich wie in Aufgabenteil b) die Summen der Wahrscheinlichkeiten innerhalb der eben bestimmten Intervallgrenzen berechnet werden.

e) Für eine angenommene Durchfallquote von 25% müssen Sie zunächst mit der Formel $\mu = n \cdot p$ den Erwartungswert berechnen. Dann können Sie ähnlich wie im Aufgabenteil c) die Laplace-Bedingung überprüfen und für den Fall, dass diese Bedingung erfüllt ist, ein 90%-Sicherheitsintervall berechnen.

f) Bei der Bestimmung eines Konfidenzintervalls geht es darum eine untere und eine obere Schranke der (prozentualen) Durchfallquoten zu bestimmen.

Hier können Sie die Formel $n \cdot p \pm 1,64 \cdot \sqrt{n \cdot p \cdot (1-p)}$ verwenden, die Sie allerdings noch nach p umstellen müssen.

g) Hier geht es darum, den Mittelwert und die Standardabweichung für die vorgegebenen 12 Werte zu berechnen. Das geforderte 95%-Konfidenzintervall ergibt sich dann aus $[\mu - 1,96 \cdot \sigma; \mu + 1,96 \cdot \sigma]$.

a) Berechnen von Wahrscheinlichkeiten

Die Wahrscheinlichkeit, bei einem n-stufigen Bernoulli-Versuch x Erfolge zu erzielen, ist durch die Binomialverteilung gegeben:

$$P(x) = \binom{n}{x} \cdot p^x \cdot (1-p)^{n-x}$$

Diese Formel ist in Ihrem fx-9860GII direkt eingebaut. Wir werden diese Funktion für die Aufgabenteile a) und g) benutzen.
Insgesamt haben 70 Kandidaten die Prüfung abgelegt (n = 70).

Die Durchfallquote betrug 20% ($=\frac{20}{100}=0{,}2$). p ist in diesem Fall gleich 0,2.

Um ein Balkendiagramm zu erzeugen, muss zunächst einmal eine geeignete Tabelle erstellt werden.

Erzeugen fortlaufender Nummerierung und Generieren einer Liste von Wahrscheinlichkeiten

	Eingabe	Anzeige
Wechseln Sie mit MENU 2 in das STAT-Menü [STAT-Symbol] und löschen Sie die möglicherweise noch vorhandenen Einträge in `List 1` und `List 2`. Bewegen Sie den Cursor mit ◁ an die erste Position der ersten Liste.	MENU 2 F6 F4 F1 ▷ F4 F1 ◁	List 1 | List 2 | List 3 | List 4 SUB 1 2 3 4 TOOL EDIT DEL DEL-A INS ▷
Gefragt sind die Wahrscheinlichkeiten im Bereich von [9;19]. Sie könnten nun selbstverständlich in der ersten Spalte die Zahlen 9 bis 19 eingeben. Ich zeige Ihnen hier aber eine intelligentere Lösung. Bewegen Sie sich mit 2 mal △ auf die Position „List 1". Wählen Sie dann durch drücken der OPTN-Taste und dann die Menüfolge LIST Seq (F1 F5) aus.	2 mal △ OPTN F1 F5	List 1 | List 2 | List 3 | List 4 SUB 1 2 3 4 Seq(
Nach der automatisch geöffneten Klammer müssen nun Formel, Laufvariable, Startwert, Endwert und Schrittweite jeweils durch ein Komma getrennt angegeben werden. In unserem Fall ist das `x,x,9,19,1`.	X,θ,T , X,θ,T , 9 , 1 9 , 1	List 1 | List 2 | List 3 | List 4 SUB 1 2 3 4 Seq(X,X,9,19,1
Die schließende Klammer braucht nicht gesetzt zu werden. Bestätigen Sie die Eingabe mit EXE.	EXE	List 1 | List 2 | List 3 | List 4 SUB 1 9 2 10 3 11 4 12 9 List L→M Dim Fill Seq ▷
Sie sehen, dass Sie durch Eintragen einer Formel in der obersten Zeile eine Sequenz fortlaufender Zahlen erzeugt haben. Nun erzeugen wir in `List 2` eine Liste mit den zugehörigen Wahrscheinlichkeiten.		

Löschen von Listen

automatisches Erzeugen einer Nummerierung mit Seq

Liste mit Binomialverteilung erstellen

	Eingabe	Anzeige
Verlassen Sie das Options-Menü mit 2 mal EXIT. Wählen Sie dann mit der Menüfolge DIST BINM Bpd (F5 F5 F1), den Befehl für die Binomialverteilung.	2 mal EXIT F5 F5 F1	Binomialvert.-Dichte Data :List List :List1 Numtrial:0 p :0 Save Res:None Ausführen List Var
Hier ist die Einstellung, dass die Daten aus einer Liste und zwar `List 1` kommen, schon einmal richtig voreingestellt. Unter **`Numtrial`** muss unser n, also 70 eingetragen werden. Und das **`p`** ist unser p von 0,2. Wichtig ist, dass das Ergebnis (**`Save Res`**) in **`List 2`** übernommen wird.	2 mal ▽ 7 0 EXE 0 • 2 EXE F2 2 EXE	Binomialvert.-Dichte Data :List List :List1 Numtrial:70 p :0.2 Save Res:List2 Ausführen None LIST
Mit EXE starten Sie die Berechnung und mit 2 mal EXIT sehen Sie die Liste mit den berechneten Wahrscheinlichkeiten.	EXE 2 mal EXIT	List 1 / List 2 / List 3 / List 4 SUB 1: 9 0.0408 2: 10 0.0622 3: 11 0.0848 4: 12 0.1043 9 GRPH CALC TEST INTR DIST ▷

Sie haben nun eine Liste der Wahrscheinlichkeitsfunktion erstellt, in einem nächsten Schritt wird die Balkengrafik erzeugt.

Erstellen eines Balkendiagramms

Balkendiagramm erstellen

Graph-Type

	Eingabe	Anzeige
Die darzustellenden Daten liegen bereits in `List 1` und `List 2` vor. Nun müssen mit der Befehlsfolge GRPH SET (F1 F6) zunächst die Grundeinstellungen vorgenommen werden.	F1 F6	StatGraph1 Graph Type :Scatter XList :List1 YList :List2 Frequency :1 Mark Type :▪ GPH1 GPH2 GPH3
Zunächst muss erst einmal der richtige Diagramm-Typ (Graph-Type) gewählt werden! Bewegen Sie dazu den Cursor nach unten. Wählen Sie dann im Menü unten mit ▷ HiSt (F6 F1) das Histogramm.	▽ F6 F1	StatGraph1 Graph Type :Hist XList :List1 Frequency :1 HiSt Box Bar N-Dis Brkn ▷
In diesem neuen Menü bedeutet **`XList`** die Liste der Merkmale. In unserem Fall ist dies `List 1` und somit schon einmal richtig. Die Häufigkeiten (**`Frequency`**)sind dagegen in `List 2` gespeichert. Das muss geändert werden. Bewegen Sie den Cursor also mit 2 mal ▽ nach unten und aktivieren Sie mit LIST (F2) die Eingabe der Listennummern. Geben Sie hier 2 ein und bestätigen Sie mit EXE.	2 mal ▽ F2 2 EXE	StatGraph1 Graph Type :Hist XList :List1 Frequency :List2 1 LIST

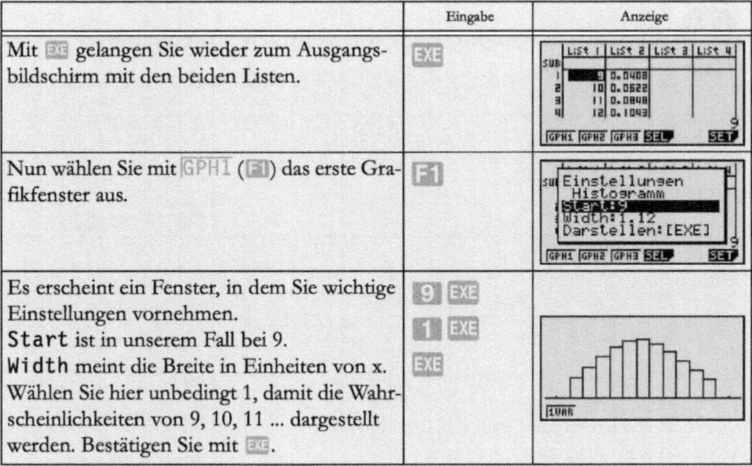

	Eingabe	Anzeige
Mit EXE gelangen Sie wieder zum Ausgangsbildschirm mit den beiden Listen.	EXE	
Nun wählen Sie mit GPH1 (F1) das erste Grafikfenster aus.	F1	
Es erscheint ein Fenster, in dem Sie wichtige Einstellungen vornehmen. `Start` ist in unserem Fall bei 9. `Width` meint die Breite in Einheiten von x. Wählen Sie hier unbedingt 1, damit die Wahrscheinlichkeiten von 9, 10, 11 ... dargestellt werden. Bestätigen Sie mit EXE.	9 EXE 1 EXE EXE	

Sie haben ein Balkendiagramm der Wahrscheinlichkeiten im Intervall [9;19] gezeichnet und sehen die typische Binomialverteilung.

a) P(x) wurde im Bereich von [9;19] berechnet und eine Grafik erstellt. Aufgabe a) ist damit erledigt.

b) Berechnungen verschiedener Wahrscheinlichkeiten

(i) Wie groß ist die Wahrscheinlichkeit, dass weniger als 14 Fahrschüler durch die praktische Prüfung gefallen sind?

Hier ist die Summe der Wahrscheinlichkeiten gefragt mit der 0, 1, 2 ... 13 Fahrschüler durch die praktische Prüfung gefallen sind.

Es gilt nach wie vor folgende Wahrscheinlichkeitsfunktion:

$P(x) = \binom{70}{x} \cdot 0,2^x \cdot (1-0,2)^{70-x}$, die wir in diesem Aufgabenteil „per Hand“ berechnen wollen. (Sie können für diesen Teil (i) auch die eingebaute Formel **Bpd** verwenden, aber das habe ich Ihnen ja schon auf Seite 120 gezeigt.)

Es ist also zu ermitteln:

$$\sum_{x=0}^{13} \binom{70}{x} \cdot 0,2^x \cdot 0,8^{70-x}$$

Diesen Ausdruck können Sie direkt so in den Taschenrechner eingeben und berechnen lassen.

Berechnen von Summen von Wahrscheinlichkeiten

Summenzeichen

Binomial-koeffizient

	Eingabe	Anzeige
Wechseln Sie wieder mit MENU 1 in das RUN·MAT-Menü und löschen Sie mit F2 F2 F1 den Bildschirm.	MENU 1 F2 F2 F1	JUMP DEL ▸MAT MATH
Nun können Sie die Formel $$\sum_{x=0}^{13}\binom{70}{x}\cdot 0,2^{x}\cdot 0,8^{70-x}$$ eingeben. Beginnen Sie mit dem Summenzeichen, das Sie unter MATH ▷ Σ(mit F4 F6 F2 erreichen. Nun folgt der Binomialkoeffizient. Sie erreichen ihn über die OPTN-Taste und die Befehlsfolge ▷ PROB nCr (F6 F3 F3). Nun fehlt noch die Variable x. **Der Binomialkoefffizient erscheint nicht in der natürlichen Schreibweise sondern wird im Display als C dargestellt.**	F4 F6 F2 7 0 OPTN F6 F3 F3 X,θ,T	Σ (70CX) x! nPr nCr RAND ▷
Nun können Sie den Rest des Terms eingeben. (Noch nicht EXE drücken!)	× 0 . 2 ∧ X,θ,T ▶ × 0 . 8 ∧ 7 0 − X,θ,T	70CX×0.2^X×0.8^70-X) x! nPr nCr RAND ▷
Schließlich fehlen noch die Summationsgrenzen x = 0 und 13. Bestätigen Sie dann mit EXE.	2 mal ▶ X,θ,T ▶ 0 ▶ 1 3 EXE	Σ (70CX×0.2^X×0.8^70-X 0.4524127562 x! nPr nCr RAND ▷

Sie haben die Wahrscheinlichkeit, dass weniger als 14 Fahrschüler durch die praktische Prüfung gefallen sind, berechnet und als Ergebnis 0,452, also 45,2% erhalten.

Um die Wahrscheinlichkeit, dass mehr als 14 Fahrschüler durch die praktische Prüfung gefallen sind, berechnen zu können, müssen Sie nur die Summationsgrenzen auf 15 … 70 anpassen.

Anpassen der Summationsgrenzen

	Eingabe	Anzeige
Kopieren Sie die Formel von eben mit der CLIP-Funktion (SHIFT 8) und dann CPY·L (F1) in die Zwischenablage, gehen Sie zur Einfügeposition zurück und fügen dort mit PASTE (SHIFT 9) die kopierte Formel ein.	2 mal ▲ SHIFT 8 F1 2 mal ▼ SHIFT 9	Σ(70C×0.2^X×0.8^70−X) X=0 0.4524127562 Σ(70C×0.2^X×0.8^70−X) JUMP DEL ▸MAT MATH
Mit ◀ gelangen Sie zur oberen Summationsgrenze. Hier löschen Sie zunächst die 13 und ändern diese in 70. Bewegen Sie sich nun auf die untere Grenze ändern diese in 15 und bestätigen Sie mit EXE.	◀ DEL DEL 7 0 3 mal ◀ DEL 1 5 EXE	X=0 0.4524127562 70 Σ(70C×0.2^X×0.8^70−X) X=15 0.4291230355 JUMP DEL ▸MAT MATH
Sie haben $\sum_{x=15}^{70}\binom{70}{x}\cdot 0,2^x\cdot 0,8^{70-x}$ *berechnet und als Ergebnis 0,429 erhalten.*		
Nun fügen Sie die kopierte Formel von eben abermals ein und ändern diese so ab, dass die Summe zwischen 7 und 21 berechnet wird.	SHIFT 9 ◀ DEL DEL 2 1 3 mal ◀ DEL 7 EXE	X=15 0.4291230355 21 Σ(70C×0.2^X×0.8^70−X) X=7 0.9761426788 JUMP DEL ▸MAT MATH
Sie haben $\sum_{x=7}^{21}\binom{70}{x}\cdot 0,2^x\cdot 0,8^{70-x}$ *berechnet und als Ergebnis 0,976 erhalten.*		

CLIP

PASTE

Sie haben durch Anpassen der Summationsgrenzen die Summen verschiedener Wahrscheinlichkeiten berechnet.

b) (i) Die Wahrscheinlichkeit, dass weniger als 14 Fahrschüler durch die praktische Prüfung gefallen sind, beträgt 0,452.
(ii) Für den Fall, dass mehr als 14 Fahrschüler durchgefallen sind, lässt sich eine Wahrscheinlichkeit von 0,429 angeben.
(iii) Mit der Wahrscheinlichkeit von 0,976 wird man unter den Prüflingen 7 bis 21 Personen finden, die durchgefallen sind.

c) Bestimmung eines Sicherheitsintervalls

Sicherheitsintervall

Zunächst muss die Standardabweichung berechnet und überprüft werden, ob diese größer als drei ist. Dies ist die Voraussetzung, um in einem zweiten Schritt das 90%ige Sicherheitsintervall zu berechnen.
Um die Standardabweichung zu erhalten, muss zunächst die **Varianz** bestimmt werden. Diese ergibt sich aus der *Anzahl der Prüflinge* mal *Durchfallwahrscheinlichkeit* mal *Bestehenswahrscheinlichkeit*, also:

$V(x) = n\cdot p\cdot(1-p)$

Dies ist die zu erwartende (gewichtete) mittlere quadratische Abweichung vom **Erwartungswert** μ, welcher sich aus der Anzahl der Prüflinge mal der Durchfallwahrscheinlichkeit berechnet, also $\mu = 70 \cdot 0,2 = 14$.

Die **Standardabweichung** ist nun die Wurzel der (quadratischen) Varianz:

$$\sigma = \sqrt{n \cdot p \cdot (1-p)}$$

In unserem Fall gilt also:

$$\sigma = \sqrt{70 \cdot 0,2 \cdot (1-0,2)}$$

Das lässt sich leicht mit dem Taschenrechner erledigen:

Berechnen der Standardabweichung

Quadratwurzel

	Eingabe	Anzeige
Geben Sie den zu berechnenden Ausdruck $\sqrt{70 \cdot 0,2 \cdot (1-0,2)}$ ein und bestätigen Sie mit EXE.	SHIFT x^2 7 0 × 0 . 2 × (1 − 0 . 2) EXE	X=7 0.9761426788 √70×0.2(1−0.2) $\frac{2\sqrt{70}}{5}$ JUMP DEL ▶MAT MATH
Um einen dezimalen Wert zu erhalten, drücken Sie F↔D.	F↔D	Σ(70CX×0.2^X×0.8^70−X X=7 0.9761426788 √70×0.2(1−0.2) 3.346640106 JUMP DEL ▶MAT MATH

Sie haben die Standardabweichung berechnet und mit ungefähr 3,35 einen Wert größer als drei erhalten. Die Laplace-Bedingung ist erfüllt und Sie können also die Faustformel für das 90%-Sicherheitsintervall anwenden.

Der Radius für ein 90%iges Sicherheitsintervall ergibt sich aus der Lösung des Integrals der **Gauß-Funktion**, die als Näherung für die Binomialverteilung genutzt werden kann.

Es ist nämlich:

$$\int_{-1,64}^{1,64} \frac{1}{\sqrt{2\pi}} \cdot e^{-\frac{1}{2}x^2} dx \cong 0,9$$

Dies können Sie leicht mit dem Taschenrechner nachvollziehen. Eine umgekehrte Lösung, d. h., die Berechnung der Integralgrenzen aufgrund einer vorgegebenen Sicherheitswahrscheinlichkeit ist dagegen mit algebraischen Mitteln nicht möglich.

Die Formel zur Berechnung eines 90%igen Sicherheitsintervalls lässt sich durch die vorhergehenden Überlegungen leicht einsehen.

Bei dem gesuchten **Sicherheitsintervall** wird die Bandbreite der *Anzahl der durchgefallenen Prüflinge* ermittelt, die innerhalb eines Intervalls von 90% zu der Durchfallquote von 20% gehören.

Die *linke Grenze* ergibt sich aus dem Erwartungswert μ minus 1,64 mal Standardabweichung σ.

Die *rechte Grenze* ergibt sich aus dem Erwartungswert μ plus 1,64 mal Standardabweichung σ.

Bei ganzzahligen Größen werden die Ergebnisse immer „hin zum Erwartungswert" gerundet.
Für unseren Fall ergibt sich also ein Sicherheitsintervall von:
$[14-1,64\cdot 3,35;14+1,64\cdot 3,35]$
Sie können diese Berechnung selbstverständlich auch mit dem Taschenrechner vornehmen.

Berechnen eines 90%igen Sicherheitsintervalls

	Eingabe	Anzeige
Berechnen Sie zunächst ein dezimales Ergebnis für die linke Grenze: $14-1,64\cdot 3,35$	1 4 − 1 . 6 4 × 3 . 3 5 EXE	X=r 0.9761426788 √70×0.2(1−0.2) 3.346640106 14−1.64×3.35 8.506 JUMP DEL ▶MAT MATH
Hiermit haben Sie die linke Intervallgrenze berechnet.		
Um die rechte Intervallgrenze zu berechnen, müssen Sie nun lediglich die gerade durchgeführte Rechnung ändern, indem Sie das − durch ein + ersetzen.	2 mal ▲ 4 mal ▶ DEL + EXE	X=r 0.9761426788 √70×0.2(1−0.2) 3.346640106 14+1.64×3.35 19.494 JUMP DEL ▶MAT MATH

Sie haben die Intervallgrenzen eines 90%igen Sicherheitsintervalls ausgerechnet, und für die linke Intervallgrenze den gerundeten Wert 9 und für die rechte Grenze den gerundeten Wert 19 erhalten.

c) Die Laplace-Bedingung ist erfüllt und es ergibt sich ein 90%-Sicherheitsintervall von [9; 19].

d) Überprüfen des berechneten Sicherheitsintervalls

Um zu überprüfen, ob das unter c) ermittelte Intervall eine 90%ige Wahrscheinlichkeit bietet, müssen die gefundenen Intervallgrenzen in die eben schon benutzte Wahrscheinlichkeitsfunktion eingesetzt werden.

Berechnen der Summe von Wahrscheinlichkeiten

	Eingabe	Anzeige
Nun fügen Sie die kopierte Formel von eben ein weiteres Mal ein und ändern die Summationsgrenzen in 19 und 9.	SHIFT 9 (PASTE) ◀ DEL DEL 1 9 3 mal ◀ DEL 9 EXE	14+1.64×3.35 19.494 $\sum_{X=9}^{19}$(70C X×0.2^X×0.8^(70−X) 0.9017514387 JUMP DEL ▶MAT MATH

Sie haben durch Anpassen der Summationsgrenzen die Grenzen des unter c) berechneten Sicherheitsintervalls bestätigt, indem Sie eine Wahrscheinlichkeit von ungefähr 0,9 erhalten haben.

d) Das Intervall [9; 19] hat in der Tat die gewünschte Sicherheitswahrscheinlichkeit von 0,9.

e) Überprüfen einer Durchfallqote von 25%

Zunächst muss genauso, wie unter c) die Standardabweichung berechnet werden. Allerdings beträgt die Wahrscheinlichkeit hier 0,25.

Es ergibt sich also ein Erwartungswert von $\mu = 70 \cdot 0,25 = 17,5$.

Es ist also:

$$\sigma = \sqrt{70 \cdot 0,25 \cdot (1 - 0,25)}$$

Das lässt sich leicht mit dem Taschenrechner erledigen:

Berechnen der Standardabweichung

	Eingabe	Anzeige
Geben Sie den zu berechnenden Ausdruck $\sqrt{70 \cdot 0,25 \cdot (1 - 0,25)}$ ein und bestätigen Sie mit EXE.	SHIFT x^2 7 0 × 0 . 2 5 × (1 − 0 . 2 5) EXE	X=9 0.9017514387 √70×0.25×(1−0.25) √210/4 JUMP DEL ▶MAT MATH
Um einen dezimalen Wert zu erhalten, drücken Sie F↔D.	F↔D	Σ(70CX×0.2^X×0.8^70−X) X=9 0.9017514387 √70×0.25×(1−0.25) 3.622844187 JUMP DEL ▶MAT MATH

Sie haben die Standardabweichung berechnet und den ungefähren Wert 3,62 erhalten. Dieser ist größer als drei. Sie können also die Faustformel für das 90%-Sicherheitsintervall anwenden.

Es ergibt sich also ein Sicherheitsintervall von:

$[17,5 - 1,64 \cdot 3,62; 17,5 + 1,64 \cdot 3,62]$

Sie können diese Berechnung selbstverständlich wieder mit dem Taschenrechner vornehmen.

Berechnen eines 90%igen Sicherheitsintervalls

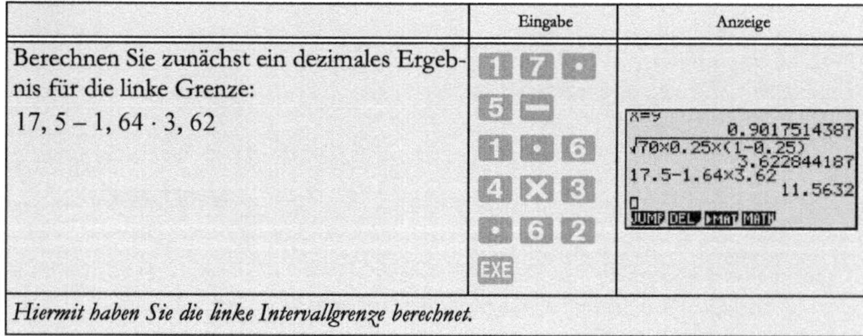

	Eingabe	Anzeige
Berechnen Sie zunächst ein dezimales Ergebnis für die linke Grenze: $17,5 - 1,64 \cdot 3,62$	1 7 . 5 − 1 . 6 4 × 3 . 6 2 EXE	X=9 0.9017514387 √70×0.25×(1−0.25) 3.622844187 17.5−1.64×3.62 11.5632 JUMP DEL ▶MAT MATH
Hiermit haben Sie die linke Intervallgrenze berechnet.		

	Eingabe	Anzeige
Um die rechte Intervallgrenze zu berechnen, müssen Sie nun lediglich die gerade durchgeführte Rechnung ändern, indem Sie das − durch ein + ersetzen.	2 mal ▲ 6 mal ▶ DEL + EXE	X=9 0.9017514387 √70×0.25×(1−0.25) 3.622844187 17.5+1.64×3.62 23.4368 JUMP DEL ▶MAT MATH

Sie haben die Intervallgrenzen eines 90%igen Sicherheitsintervalls für eine Durchfallquote von 25% ausgerechnet und für die linke Intervallgrenze den gerundeten Wert 12 und für die rechte Grenze den gerundeten Wert 23 erhalten.

Das 90%ige Sicherheitsintervall für eine angenommene Durchfallquote von 25% beträgt [12; 23]. Die Zahl der durchgefallenen Prüflinge beträgt 14 und liegt innerhalb dieses Intervalls.

e) Die Anzahl von 14 durchgefallenen Prüflingen liegt innerhalb eines 90%igen Sicherheitsintervalls und ist so mit einer angenommenen Durchfallquote von 25% verträglich.

f) Bestimmen eines Konfidenzintervalls

Konfidenz-intervall

Bei der Berechnung des **Konfidenzintervalls** geht es um die Bestimmung von zwei *prozentualen* Maßzahlen, welche die *Grenzen* für die (prozentualen) Durchfallquoten darstellen.

Theoretische Überlegungen zum Konfidenzintervall

Die Grenzen des Konfidenzintervalls berechnen sich wie folgt:

Linke Grenze: Erwartungswert μ minus 1,64 mal Standardabweichung σ.

Rechte Grenze: Erwartungswert μ plus 1,64 mal Standardabweichung σ.

Der Erwartungswert μ selbst ergibt sich aus $\mu = n \cdot p$, wobei n = 70 bekannt ist und p, die prozentualen Grenzen des Konfidenzintervalls unbekannt sind.

Die Standardabweichung σ berechnet sich mit $\sigma = \sqrt{n \cdot p \cdot (1-p)}$

Für das Konfidenzintervall ergibt sich also:

$$[n \cdot p - 1,64 \cdot \sqrt{n \cdot p \cdot (1-p)}; n \cdot p + 1,64 \cdot \sqrt{n \cdot p \cdot (1-p)}]$$

Auf unseren Fall angewendet ergibt sich:

$$[70p - 1,64 \cdot \sqrt{70p \cdot (1-p)}; 70p + 1,64 \cdot \sqrt{70p \cdot (1-p)}]$$

Die Durchfallquote von 20% sollte also innerhalb dieses Intervalls liegen.

An den Rändern dieses Intervalls ergeben sich somit zwei Gleichungen, die sich nur durch das Additions- bzw. das Subtraktionszeichen unterscheiden und im folgenden als eine Gleichung unter Verwendung des ± Operators dargestellt werden:

$$14 = 70p \pm 1,64\sqrt{70p(1-p)} \qquad | -70p$$

$$14 - 70p = \pm 1,64\sqrt{70p(1-p)} \qquad | \text{ quadrieren}$$

$$(14-70p)^2 = 1,64^2 \cdot 70p(1-p) \qquad | \text{ausmultiplizieren}$$

$$5088,272p^2 - 2148,272p + 196 = 0$$

Diese quadratische Gleichung lässt sich mit dem Gleichungsrechner für Polynomgleichungen 2. Grades lösen.

Lösen einer quadratischen Gleichung

Nullstellen von Polynomen

Nullstellen quadratischer Funktionen

	Eingabe	Anzeige
Wechseln Sie mit MENU X,θ,T (A) in das EQUA Menü.	MENU X,θ,T	Gleichung Typ wählen F1:Lin Gleichungssyst F2:Polynomgleichung F3:Allgemeine Lösung SIML POLY SOLV
Wählen Sie nun mit F2 das Untermenü zum Lösen von Polynomen.	F2	Grad der Keine Daten im Speicher Grad? 2 3 4 5 6
Und mit 2 (F1) den Grad des zu lösenden Polynoms (in diesem Fall 2).	F1	aX²+bX+c=0 a b c [0 0 0] 0 SOLV DEL CLR EDIT
Nun müssen Sie nur die Koeffizienten (=Vorzahlen) des zu lösenden Polynoms eingeben. Also für p^2 die 5088,272. Bestätigen Sie mit EXE.	5 0 8 8 • 2 7 2 EXE	aX²+bX+c=0 a b c [5088.2 0 0] 0 SOLV DEL CLR EDIT
Sie sehen, dass die Bildschirmanzeige nicht die gesamte Zahl darstellt. In Wirklichkeit ist diese aber vollständig gespeichert. Fahren Sie nun mit der Vorzahl von p, also -2148,272 fort und bestätigen Sie mit EXE.	(−) 2 1 4 8 • 2 7 2 EXE	aX²+bX+c=0 a b c [5088.2 -2148 0] 0 SOLV DEL CLR EDIT
Geben Sie nun noch die 196 ein, bestätigen Sie mit EXE und starten die Berechnung mit EXE.	1 9 6 EXE EXE	aX²+bX+c=0 X1 [0.2888] X2 [0.1333] 0.2888396864 REPT

Sie haben für die Grenzen des Konfidenzintervalls die prozentualen Größen 0,289 und 0,133 erhalten.

f) Aufgrund Fahrlehrer Fahns Statistik lässt sich schließen, dass die Durchfallquote mit 90%iger Wahrscheinlichkeit zwischen 13,3% und 28,9% liegt.

g) Berechnungen zur Häufigkeit eines Fragebogens

Um ein geeignetes Sicherheitsintervall bestimmen zu können, müssen zunächst Mittelwert und Standardabweichung der vorgegebenen Werte ermittelt werden.
Dies geschieht wieder im STAT-Menü.

Ermitteln von Mittelwert und Standardabweichung

	Eingabe	Anzeige
Wechseln Sie mit MENU 2 in das STAT-Menü STAT.	MENU 2	List 1 / List 2 / List 3 / List 4; SUB; 1: 9, 0.0408; 2: 10, 0.0622; 3: 11, 0.0848; 4: 12, 0.1043; 9; GRPH CALC TEST INTR DIST ▷
Löschen Sie zunächst die Listen 1 und 2 und gehen Sie zurück zur ersten Position in Liste 1.	F6 F4 F1 ▷ F4 F1 ◁	List 1 / List 2 / List 3 / List 4; SUB; 1; 2; 3; 4; TOOL EDIT DEL DEL-A INS ▷
Geben Sie nun für jeden Monat die einzelnen Werte ein. Bestätigen Sie jeden Wert mit EXE.	1 7 EXE 1 3 EXE 1 8 EXE 1 0 EXE 1 8 EXE 1 7 EXE 1 1 EXE 1 0 EXE 1 4 EXE 1 8 EXE 1 5 EXE 1 9 EXE	List 1 / List 2 / List 3 / List 4; SUB; 10: 18; 11: 15; 12: 19; 13; TOOL EDIT DEL DEL-A INS ▷
Wählen Sie nun ▷ CALC (F6 F2).	F6 F2	List 1 / List 2 / List 3 / List 4; SUB; 10: 18; 11: 15; 12: 19; 13; 1VAR 2VAR REG SET
Lassen Sie sich die Einstellungen SET mit F6 zeigen.	F6	1Var XList :List1 1Var Freq :1 2Var XList :List1 2Var YList :List2 2Var Freq :1 LIST

Löschen von Listen

	Eingabe	Anzeige
Hier ist alles in Ordnung die erste (und einzige) Variable ist in `List1` und die Häufigkeit (`Freq`) ist immer 1. Die Eintragungen von `2Var` interessieren nicht, weil wir hier nur mit einer Variable rechnen. Sie können also SET mit EXIT verlassen.	EXIT	List 1 List 2 List 3 List 4 SUB 10 18 11 15 12 19 13 1VAR 2VAR REG SET
Wählen Sie nun 1VAR (F1) um Mittelwert ($\bar{x}$)und Standardabweichung (`sx`)anzuzeigen.	F1	1-Variable $\bar{x}$ =15 Σx =180 Σx² =2822 σx =3.18852107 sx =3.33030165 n =12

Mittelwert und Standardabweichung einer eindimensionalen Stichprobe

Sie haben den Mittelwert und die Standardabweichung berechnet und die Werte 15 und ungefähr 3.33 erhalten.

Der Mittelwert ist hier der Erwartungswert. Es ist also $\mu = 15$.

Die Standardabweichung ist $s_x = 3,33$

Der Radius für ein 95%iges Konfidenzintervall ergibt sich aus der Lösung des Integrals der Gauß-Funktion:

$$\int_{-1,96}^{1,96} \frac{1}{\sqrt{2\pi}} \cdot e^{-\frac{1}{2}x^2} dx \cong 0,95$$

Das gesuchte Konfidenzintervall lässt sich somit berechnen durch

$[\mu - 1,96 \cdot \sigma;\mu + 1,96 \cdot \sigma]$

also

$[15 - 1,96 \cdot 3,33;15 + 1,96 \cdot 3,33]$

Berechnen eines 95%igen Konfidenzintervalls

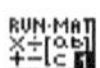

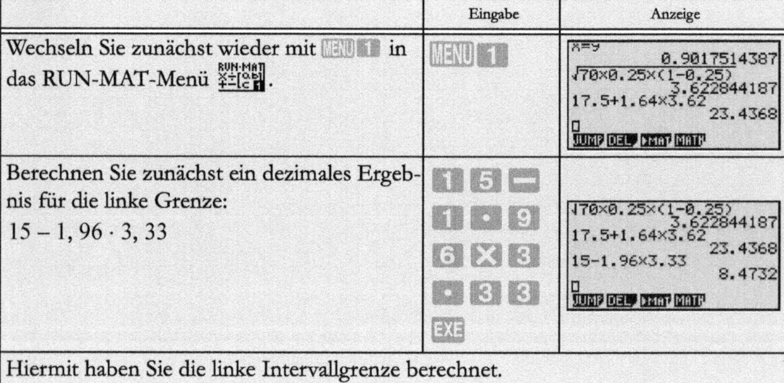

	Eingabe	Anzeige
Wechseln Sie zunächst wieder mit MENU 1 in das RUN-MAT-Menü.	MENU 1	X=9 0.9017514387 √70×0.25×(1−0.25) 3.622844187 17.5+1.64×3.62 23.4368 JUMP DEL ▶MAT MATH
Berechnen Sie zunächst ein dezimales Ergebnis für die linke Grenze: $15 - 1,96 \cdot 3,33$	1 5 − 1 • 9 6 × 3 • 3 3 EXE	√70×0.25×(1−0.25) 3.622844187 17.5+1.64×3.62 23.4368 15−1.96×3.33 8.4732 JUMP DEL ▶MAT MATH
Hiermit haben Sie die linke Intervallgrenze berechnet.		

	Eingabe	Anzeige
Um die rechte Intervallgrenze zu berechnen, müssen Sie nun lediglich die gerade durchgeführte Rechnung ändern, indem Sie das [−] durch ein [+] ersetzen.	2 mal [▲] 4 mal [▶] [DEL] [+] [EXE]	√70×0.25×(1−0.25) 3.622844187 17.5+1.64×3.62 23.4368 15+1.96×3.33 21.5268 JUMP DEL ▶MAT MATH

Sie haben die Intervallgrenzen eines 95%igen Sicherheitsintervalls ausgerechnet, und für die linke Intervallgrenze den gerundeten Wert 9 und für die rechte Grenze den gerundeten Wert 21 erhalten.
Da es sich bei den Zahlen 9 und 21 um prozentuelle Anteile handelt, ergibt sich ein gerundetes Konfidenzintervall von [0,09; 0,21].

g) Die geforderte Wahrscheinlichkeit von 20% liegt innerhalb des Konfidenzintervalls. Deshalb kann nicht ausgeschlossen werden, dass der prozentuale Anteil des Fragebogens im nächsten Monat 20% beträgt.

Kapitel 10

Untersuchung zum impliziten Lernen von Regeln

Inferenzstatistik

Untersuchung zum impliziten Lernen von Regeln[1]

Nachdem Sie nun schon so weit in diesem Buch vorgedrungen sind, soll die letzte Aufgabe eine besondere sein: Sie gibt einen Hinweis, warum mit diesem Buch so erfolgreich gelernt werden kann, nämlich implizit durch Tun.

Ich habe das im Rahmen meiner Dissertation untersucht. Es ging um die Fragestellung, ob Regeln implizit, d. h. unbewusst gelernt werden können.

Ich konnte bei dem Versuch natürlich keine Regeln verwendet, die es schon gibt, also keine mathematischen, grammatikalischen oder Verkehrsregeln. Aus diesem Grunde habe ich mir für mein Experiment Regeln ausgedacht, die auf schematisch dargestellten Gesichtern beruhen, welche sich nur in vier variierenden Merkmalen unterscheiden. Diese sind:

1. Höhe der Augen,
2. Abstand der Augen,
3. Länge der Nase,
4. Höhe des Mundes.

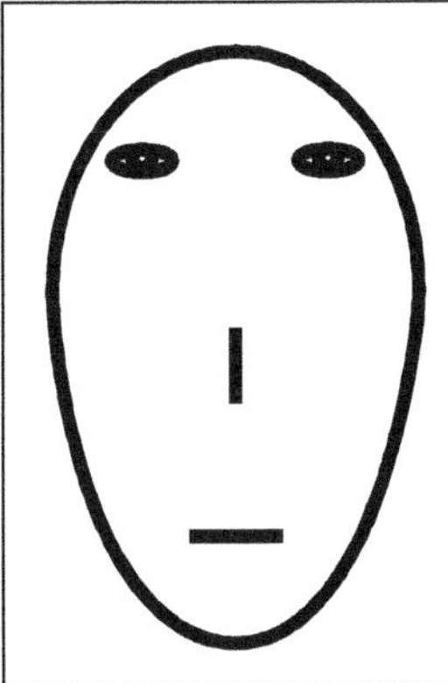

hohe Augenhöhe, weiter Augenabstand, kurze Nasenlänge und mittlere Mundhöhe.

Die Regeln, die zu lernen waren, sind folgende:

Regel 1: (1. Komplexitätsebene)

Sind die Augen hoch, so ist der Hintergrund rosa.

Sind die Augen tief, ist der Hintergrund grau.

Regel 2: (2. Komplexitätsebene)

Befinden sich die Augen in der Mitte, kommt es auf den Augenabstand an:

Ist dieser weit, so ist der Hintergrund rosa.

Ist er dagegen eng, so ist der Hintergrund grau.

1. Diese Aufgabe entstammt der realen Forschungspraxis.

Regel 2 greift also nur, wenn sich die Augen in der Mitte befinden. Der Augenabstand ist also nur in diesem Fall relevant. Bei Gesichtern mit hohen oder niedrigen Augen ist der Augenabstand irrelevant.

Die Versuchspersonen bekamen für 8 Sekunden jeweils zwei Gesichterpaare zu sehen, eines vor rosa, eines vor grauem Hintergrund.

Die Teilnehmer der Gruppe 1 bekamen Gesichter zu sehen, deren Hintergrund nach den zuvor gezeigten Regeln gestaltet war. Gruppe 2 sah Gesichter, die hinsichtlich der vier Merkmale und des Hintergrundes zufällig gestaltet waren.

Danach wurde ein Test durchgeführt, bei dem die Teilnehmer 20 Gesichtern die zugehörige Hintergrundfarbe zuordnen sollten.

Die folgenden Daten wurden per Zufall aus den Versuchsdaten (201 Datensätze) gezogen:

Richtige Antworten beim Test: Gruppe 1

13	13	14	8	13	7	9	13	10	12
11	10	8	17	9	10	13	17	18	11

Richtige Antworten beim Test: Gruppe 2

9	8	11	6	8	4	9	9	10	9
9	15	9	7	11	8	8	9	11	9

.

Aufgabenstellung:

a) Erstellen Sie für beide Gruppen einen Boxplot, für den Sie jeweils den Median, unteres und oberes Quartil sowie Minimum und Maximum berechnen. Berechnen Sie zusätzlich den Mittelwert und die Standardabweichung für beide Gruppen.

b) Prüfen Sie mittels eines t-Tests für unabhängige Stichproben, ob die oben gefundenen Mittelwertunterschiede statistisch signifikant sind.

c) Berechnen Sie die Effektgröße nach Cohen (1988).

a) Erstellen eines Boxplots und ermitteln weiterer Kenngrößen

Erstellen eines Boxplots

	Eingabe	Anzeige
Wechseln Sie mit MENU 2 in das STAT-Menü und löschen dort ggfs. die Inhalte der Liste 1.	MENU 2 F6 F4 F1	List 1 | List 2 | List 3 | List 4 SUB 1 2 3 4 TOOL EDIT DEL DEL-A INS ▷
Geben Sie nun die Daten für Gruppe 1 ein und bestätigen jeweils mit EXE.	1 3 EXE 1 3 EXE 1 4 EXE 8 EXE 1 3 EXE 7 EXE 9 EXE 1 3 EXE 1 0 EXE 1 2 EXE 1 1 EXE 1 0 EXE 8 EXE 1 7 EXE 9 EXE 1 0 EXE 1 3 EXE 1 7 EXE 1 8 EXE 1 1 EXE	List 1 | List 2 | List 3 | List 4 SUB 18 17 19 18 20 11 21 TOOL EDIT DEL DEL-A INS ▷

Löschen von Listen

	Eingabe	Anzeige
Wechseln Sie nun mit ▷ zu `List 2` und geben dort die Daten für Gruppe 2 ein!	▷ 9 EXE 8 EXE 1 1 EXE 6 EXE 8 EXE 4 EXE 9 EXE 9 EXE 1 0 EXE 9 EXE 9 EXE 1 5 EXE 9 EXE 7 EXE 1 1 EXE 8 EXE 8 EXE 9 EXE 1 1 EXE 9 EXE	List 1 List 2 List 3 List 4 SUB 18 17 9 19 18 11 20 11 9 21 TOOL EDIT DEL DEL-A INS ▷
Wechseln Sie nun in das Graph Untermenü mit ▷ GRPH (F6 F1).	F6 F1	List 1 List 2 List 3 List 4 SUB 18 17 9 19 18 11 20 11 9 21 GPH1 GPH2 GPH3 SEL SET
Wählen Sie nun SET (F6), um die Einstellungen für beide Graphen vorzunehmen.	F6	StatGraph1 Graph Type :Hist XList :List1 Frequency :List2 GPH1 GPH2 GPH3
Graph-Type *Box-Plot* Zunächst ist Graph 1 gewählt. Mit ▽ gelangen Sie zur Auswahl des Diagrammtyps (Graph-Type). Wählen Sie hier mit ▷ Box (F6 F2) den Typ „`MedBox`“ aus. Die Häufigkeit (Frequency) ist 1.	▽ F6 F2 2 mal ▽ F1	StatGraph1 Graph Type :MedBox XList :List1 Frequency :1 Outliers :Off 1 LIST
Schließen Sie die Einstellungen für Graph 1 mit EXIT und wählen Sie mit SET GPH2 (F6 F2) die Einstellungen für Graph 2 aus.	EXIT F6 F2	StatGraph2 Graph Type :Scatter XList :List1 YList :List2 Frequency :1 Mark Type :▫ GPH1 GPH2 GPH3

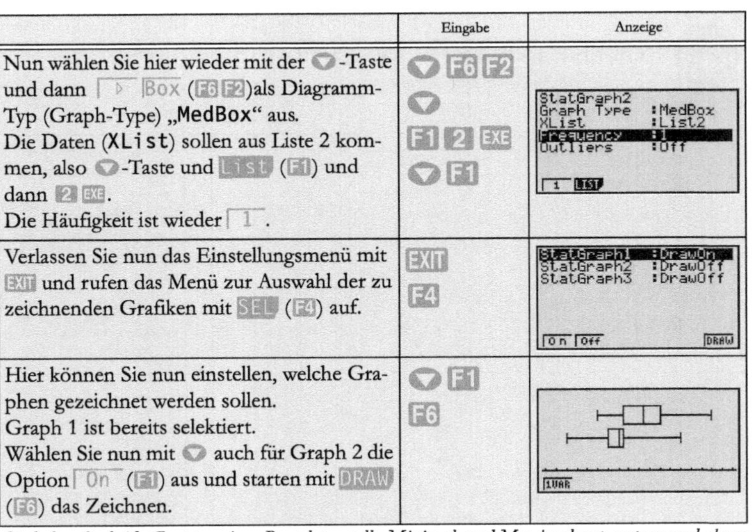

	Eingabe	Anzeige
Nun wählen Sie hier wieder mit der ▼-Taste und dann ▷ Box (F6 F2) als Diagramm-Typ (Graph-Type) „**MedBox**" aus. Die Daten (**XList**) sollen aus Liste 2 kommen, also ▼-Taste und List (F1) und dann 2 EXE. Die Häufigkeit ist wieder 1.	▼ F6 F2 ▼ F1 2 EXE ▼ F1	StatGraph2 Graph Type :MedBox XList :List2 Frequency :1 Outliers :Off
Verlassen Sie nun das Einstellungsmenü mit EXIT und rufen das Menü zur Auswahl der zu zeichnenden Grafiken mit SEL (F4) auf.	EXIT F4	StatGraph1 :DrawOn StatGraph2 :DrawOff StatGraph3 :DrawOff
Hier können Sie nun einstellen, welche Graphen gezeichnet werden sollen. Graph 1 ist bereits selektiert. Wählen Sie nun mit ▼ auch für Graph 2 die Option On (F1) aus und starten mit DRAW (F6) das Zeichnen.	▼ F1 F6	

Diagramm-Typ

Box-Plot

Diagramm zum Zeichnen selektieren

Sie haben für beide Gruppen einen Boxplot erstellt. Minimal- und Maximalwert, unteres und oberes Quantil sowie Median sind bereits berechnet und eingezeichnet.

Nun müssten die konkreten Werte nur noch abgelesen sowie Mittelwert und Standardabweichung berechnet werden.

Ablesen von Werten aus einer statistischen Grafik

	Eingabe	Anzeige
Rufen Sie mit SHIFT F1 die **TRACE**-Funktion auf.	SHIFT F1	StatGraph1 minX=1
Sie sehen hier schon den Wert für das Minimum. Sie können sich nun mit der ▶-Taste die Werte für das Minimum, das untere Quartil, den Median, das obere Quartil und das Maximum anzeigen lassen. Mit der ▼-Taste gelangen Sie zum zweiten Graphen. Tragen Sie diese Daten in die Tabelle auf S. 140 ein!	mehrmals ▶ oder ▼	StatGraph2 maxX =15

Ablesen von Werten eines Diagramms

Sie haben das untere Quartil, den Median, das obere Quartil und das Maximum direkt aus der Grafik abgelesen und in die Tabelle auf S. 140 eingetragen.

Manchmal ist es sinnvoll, sich diese Werte direkt anzeigen zu lassen. Außerdem interessiert ja auch noch der Mittelwert ($\bar{x}$) und die Standardabweichung (s).

Ermitteln statistischer Kenngrößen

Mittelwert und Standardabweichung einer zweidimensionalen Stichprobe

	Eingabe	Anzeige
Verlassen Sie den Zeichenmodus mit zwei mal EXIT.	2 mal EXIT	
Wählen Sie nun CALC 2VAR (F2 F2) um statistische Kenngrößen für zweidimensionale Stichproben zu berechnen.	F2 F2	2-Variable $\bar{x}$ =11.8 Σx =236 Σx² =2968 σx =3.02654919 sx =3.10517395 n =20
Sie sehen nun die Kennwerte für beide Stichproben den Mittelwert $\bar{x}$, $\bar{y}$ die Standardabweichung sx, sy und die Anzahl der Daten n. Tragen Sie diese Daten in die Tabelle auf S. 140 ein!	mehrmals ▽	2-Variable n =20 $\bar{y}$ =8.95 Σy =179 Σy² =1693 σy =2.13248681 sy =2.1878853

Sie haben nun alle erforderlichen Kenndaten ermittelt und in der Tabelle auf S. 140 eintragen.

Ergebnistabelle

	Gruppe 1	Gruppe 2
Minimum:	min_x =	min_y =
unteres Quartil:	$Q1_x$ =	$Q1_y$ =
Median:	$\tilde{x}_x$ =	$\tilde{x}_y$ =
oberes Quartil:	$Q3_x$ =	$Q3_y$ =
Maximum:	max_x =	max_y =
Anzahl der Datensätze:	n =	
Mittelwert:	$\bar{x}$ =	$\bar{y}$ =
Std. Abw.:	s_x =	s_y =

b) Prüfung auf statistische Signifikanz

Wenn Sie die eben erzeugte Grafik betrachten, sehen Sie, dass die beiden Boxen, in denen jeweils 50% aller Daten liegen bei 9,5 richtigen Antworten „zusammenstoßen".

Weiterhin unterscheiden sich die Mittelwerte der Gruppen 1 (11,8) und 2 (8,95) um 2,85 richtige Antworten. Damit ist gezeigt, dass Gruppe 1 besser gelernt hat als Gruppe 2.

Aber nun kommt ein Kritiker und sagt: „Schon richtig, aber das sind doch nur die Unterschiede der Mittelwerte. Mit welcher Wahrscheinlichkeit kannst Du denn sagen, dass dieser Unterschied von 2,85 richtigen Antworten nicht rein zufällig entstanden sein könnte?“

Nun, jetzt haben wir ein Problem, denn zufällig kann im Prinzip alles sein. Es kommt lediglich auf die Wahrscheinlichkeit an, wie oft ein Zufall eintreffen kann. Und, sind wir mal großzügig, erlauben wir uns, unsere Aussage so zu beschränken.

Also mit 95%iger Wahrscheinlichkeit behaupte ich, dass der Unterschied der Mittelwerte nicht zufällig zustande gekommen sein kann!

Nun hat sich jemand, nämlich William Sealy Gosset bereits 1908 die Mühe gemacht, eine Funktion aufzustellen, welche für normalverteilte Stichproben beschreibt, wie sich die Mittelwertunterschiede um den wahren Mittelwertunterschied, nämlich Null verteilen.

t-Verteilung

Diese Funktion heißt t-Verteilung und sieht abhängig von der Stichprobengröße immer ein wenig anders, aber ungefähr so aus:

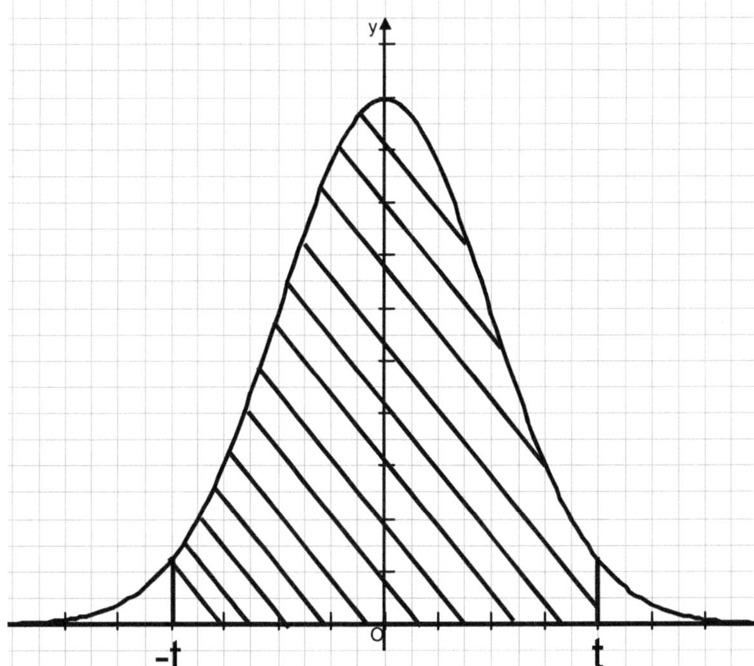

Um es einfach zu formulieren: Befindet sich der Mittelwertunterschied innerhalb der dargestellten Fläche, so kann man davon ausgehen, dass dieser Unterschied zufällig entstanden sein könnte, also nicht ins Gewicht fällt. Befindet sich der Mittelwertunterschied dagegen außerhalb der schraffierten Fläche, so kann dieser mit 95%iger Wahrscheinlichkeit nicht zufällig entstanden sein.

Wozu dann die Einschränkung mit 95 %?

Was man an dieser Grafik nicht sehen kann, ist, dass die x-Achse bezüglich des Graphen der t-Verteilung eine waagerechte Asymptote bildet, das heißt, dass jeder noch so hohe Wert innerhalb der Fläche liegt.

Da diese Fläche aber mit größerem x immer kleiner wird, macht es Sinn, die Fläche zu begrenzen. Und hier bietet sich beispielsweise die Grenze von 95 % also 0,950 an.

Also: Wenn wir nachweisen können, dass der eben berechnete Mittelwertunterschied von 2,85 außerhalb der mit der 95-%-Marke abgetrennten Fläche liegt, wissen wir, dass dieser Unterschied zu 95 % nicht zufällig entstanden sein kann.

Nun kommt noch eine kleine Schwierigkeit hinzu:

Die t-Verteilung ist so definiert, dass diese abhängig vom Freiheitsgrad eine etwas andere Gestalt hat.

Freiheitsgrad

Diese Funktion ist „per Hand“ schwer zu berechnen, sodass es früher Tabellen gab, welche für einen bestimmten Freiheitsgrad und ein bestimmtes Signifikanzniveau eine obere Grenze (den t-Wert) festlegen, welche einen Bereich markieren, innerhalb der sich die Mittelwerte statistisch nicht unterscheiden. Mit dem Begriff Freiheitsgrad bezeichnet man die Anzahl der Werte, die frei variiert werden können. Das sind für beide Gruppen mit n = 20 genau 19 Werte, denn der letzte Wert ist, wenn ein bestimmter Mittelwert erreicht werden soll, nicht mehr frei wählbar. Für unsere Untersuchung ergibt sich also ein Wert von 2 mal 19 = 38 df (degrees of freedom bzw. Freiheitsgrade).

Glücklicherweise hat ein leistungsfähiger Taschenrechner, wie der fx-9860GII von CASIO die t-Funktion bereits einprogrammiert, sodass wir den gesuchten t-Wert für ein Signifikanzniveau von 95 % (0,95) und 38 Freiheitsgrade (df) berechnen können.

Berechnen des t-Wertes aufgrund Signifikanzniveau und Freiheitsgrad.

RUN·MAT

t-Wert

	Eingabe	Anzeige
Wechseln Sie mit MENU 1 in das RUN·MAT-Menü und löschen Sie mit F2 F2 F1 den Bildschirm.	MENU 1 F2 F2 F1	JUMP DEL ▸MAT MATH
Sie können die Funktion, welche den unteren t-Wert aufgrund von Signifikanzniveau und Freiheitsgrad berechnet, folgendermaßen erreichen: OPTN-Taste und dann STAT DIST t Invt (F5 F3 F2 F3).	OPTN F5 F3 F2 F3	InvTCD(tPd tCd Invt
Nun geben Sie das Sigifikanzniveau von 0,95 und die Freiheitsgrade (38) getrennt durch ein Komma ein und starten die Berechnung mit EXE.	0 . 9 5 , 3 8 EXE	InvTCD(0.95,38 -1.68595446 tPd tCd Invt
Sie haben den unteren t-Wert -1,686 erhalten. Zu diesem gehört auch der oberer t-Wert von 1,686 (siehe Zeichnung).		

Sie haben den zugehörigen t-Wert für p = 0,95 und 38 df berechnet und ±1,686 erhalten.

Also muss der t-Wert für unseren Mittelwertunterschied von 2,85 richtigen Antworten größer als t = 1,686 sein, um behaupten zu können, dass dieser Unterschied mit 95%iger Wahrscheinlichkeit nicht zufällig entstanden sein könnte.

Es ist also folgende Hypothese zu testen:

Die Grundgesamtheiten μ_1 und μ_2 sind gleich, d. h., wenn man die beiden Werte subtrahiert, kommt Null heraus.

also:

$$H_0 : \mu_1 - \mu_2 = 0$$

Die Gegenhypothese wäre demnach:

$$H_1 : \mu_1 - \mu_2 \neq 0$$

D. h., wir gehen strategisch so vor, dass wir nachweisen wollen, dass H_0 gilt. Wenn das nicht der Fall ist, gilt dann automatisch H_1 und wir hätten gezeigt, dass der Mittelwertunterschied nicht zufällig entstanden sein kann.

Nun muss für unser Beispiel der zugehörige t-Wert berechnet werden.

Die Funktion hierfür ist im Taschenrechner eingebaut:

t-Test

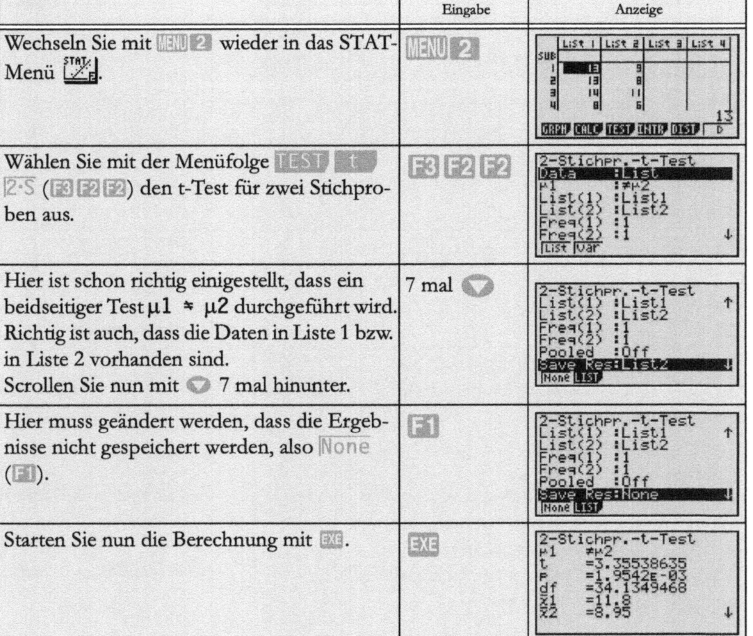

	Eingabe	Anzeige
Wechseln Sie mit MENU 2 wieder in das STAT-Menü.	MENU 2	List 1, List 2, List 3, List 4; SUB; 1: 13, 9; 2: 13, 8; 3: 14, 11; 4: 8, 6; 13; GRPH CALC TEST INTR DIST ▷
Wählen Sie mit der Menüfolge TEST t 2-S (F3 F2 F2) den t-Test für zwei Stichproben aus.	F3 F2 F2	2-Stichpr.-t-Test; Data :List; μ1 :≠μ2; List(1) :List1; List(2) :List2; Freq(1) :1; Freq(2) :1; List Var
Hier ist schon richtig eingestellt, dass ein beidseitiger Test μ1 ≠ μ2 durchgeführt wird. Richtig ist auch, dass die Daten in Liste 1 bzw. in Liste 2 vorhanden sind. Scrollen Sie nun mit ▽ 7 mal hinunter.	7 mal ▽	2-Stichpr.-t-Test; List(1) :List1; List(2) :List2; Freq(1) :1; Freq(2) :1; Pooled :Off; Save Res:List2; None LIST
Hier muss geändert werden, dass die Ergebnisse nicht gespeichert werden, also None (F1).	F1	2-Stichpr.-t-Test; List(1) :List1; List(2) :List2; Freq(1) :1; Freq(2) :1; Pooled :Off; Save Res:None; None LIST
Starten Sie nun die Berechnung mit EXE.	EXE	2-Stichpr.-t-Test; μ1 ≠μ2; t =3.35538635; p =1.9542E-03; df =34.1349468; x̄1 =11.8; x̄2 =8.95

Sie haben soeben den t-Wert für den Mittelwertunterschied von 2,85 richtigen Antworten berechnet.

t-Test

Was bedeutet das nun?

Der gefundene t-Wert von 3,35538635 ist größer als 1,686. D. h. der berechnete t-Wert des Mittelwertunterschieds zwischen Gruppe 1 und 2 von 2,85 richtigen Antworten liegt rechts außerhalb der Fläche der „normalen" Mittelwertunterschiede.

Damit ist H_0 widerlegt und es gilt H_1.

Und damit haben wir gezeigt, dass der Mittelwertunterschied zu 95 % nicht zufällig entstanden sein kann.

b) Der Mittelwertunterschied von 2,85 richtigen Antworten ist statistisch signifikant.

Effektgröße

c) Berechnen der Effektgröße

Die Distanz, also die Effektgröße nach Cohen berechnet sich wie folgt:

$d = \frac{\bar{x} - \bar{y}}{s}$ wobei s die gewichtete Varianz ist mit

$s = \sqrt{\frac{(n-1)(s_x^2 + s_y^2)}{2n-2}}$ für zwei gleichgroße Stichproben der Größe n.

Berechnen der Effektgröße nach Cohen

Zugriff auf Lösungen statistischer Berechnungen

	Eingabe	Anzeige
Verlassen Sie die Ergebnisseite des t-Tests mit 2-mal EXIT. Damit für unsere Berechnung die Mittelwerte und die Standardabweichungen gespeichert sind, muss die Berechnung von eben nochmals durchgeführt werden. Also: CALC 2VAR (F2 F2)	2-mal EXIT F2 F2	2-Variable $\bar{x}$ =11.8 Σx =236 Σx² =2968 σx =3.02654919 sx =3.10517395 n =20
Wechseln Sie mit MENU 1 in das RUN·MAT -Menü.	MENU 1	InvTCD(0.95,38 -1.68595446 JUMP DEL ▶MAT MATH
In unserem Fall ist n = 20, also n - 1 = 19 und 2n - 2 = 38. Für s ergibt sich demnach folgende Formel: $s = \sqrt{\frac{19(s_x^2 + s_y^2)}{38}}$ Sie brauchen die Werte für sx und sy nicht nachzuschlagen, der Rechner hat diese im VAR-Menü gespeichert. Sie erreichen diese über die VARS-Taste und dann STAT X ▷ sx (F3 F1 F6 F1) bzw. STAT Y ▷ sy (F3 F2 F6 F1).	SHIFT x² a b/c 1 9 × (VARS F3 F1 F6 F1 x² + EXIT F2 F6 F1 x²) ▼ 3 8 EXE	InvTCD(0.95,38 -1.68595446 √(19×(sx²+sy²)/38) 2.685977231 sx minY maxY ▷

	Eingabe	Anzeige
Speichern Sie die gewichtete Varianz in der Variablen S.	→ ALPHA × EXE	$\sqrt{\frac{19\times(sx^2+sy^2)}{38}}$ 2.685977231 Ans→S 2.685977231 sy minY maxY
Berechnen Sie nun die Cohen-Distanz mit $d = \frac{\bar{x}-\bar{y}}{s}$ Wenn Sie nicht in der hier beschriebenen Menüstruktur sind, erreichen Sie die Werte für $\bar{x}$ bzw. $\bar{y}$ bequem über die VARS-Taste und dann STAT X x (F3 F1 F2) bzw. STAT Y y (F3 F2 F1)	a b/c EXIT F1 F2 − EXIT F2 F1 ▼ ALPHA × EXE	2.685977231 Ans→S 2.685977231 $\frac{\bar{x}-\bar{y}}{S}$ 1.061066329 $\bar{y}$ Σy Σy² Σxy σy

Sie haben die Distanz der beiden Mittelwerte berechnet.

Nach Cohen (1988) gilt:

$d \geq 0,2$: kleiner Effekt

$d \geq 0,5$: mittlerer Effekt

$d \geq 0,8$: großer Effekt

Mit d = 1,061066329 haben wir es hier also mit einem großen Effekt zu tun, obwohl ja einige behaupten könnten, ein Unterschied von 2,85 wäre ja nicht so groß.

c) Nach Cohen (1988) handelt es sich hier um einen großen Effekt.

Nun haben wir mit dem CASIO fx-9860GII nachgewiesen, dass implizites Lernen funktioniert. Sie haben nun also den Beleg dafür, dass die Lernmethode, nach der Sie die Bedienung des Taschenrechners und Mathematik gleichzeitig gelernt haben funktioniert. Und dies bietet sicherlich einen würdigen Abschluss dieses Buches!

Exkurs: Lösbarkeit von Gleichungssystemen

Gleichungssysteme sollten mit dem fx-9860GII immer im Run-Mat-Menü mithilfe von Matrizen gelöst werden, denn nur hier können die drei Fälle, die beim Lösen von Gleichungssystemen mit 3 Unbekannten und 3 Zeilen auftreten können, unterschieden werden:

eindeutig bestimmte Gleichungssysteme

a) Es gibt eine eindeutige Lösung

Beispiel:

(I)	1 x	+	2 y	+	1 z	=	2
(II)	2 x	+	1 y	+	2 z	=	1
(III)	2 x	+	2 y	+	1 z	=	1

Lösen eines eindeutig bestimmten Gleichungssystems

	Eingabe	Anzeige
Wechseln Sie mit MENU 1 in das RUN-MAT Menü und sorgen Sie mit (mehrmaligen) EXIT dafür, dass Sie den DEL -Befehl verfügbar haben! Löschen Sie mit DEL DEL·A den Bildschirm und bestätigen mit F1.	MENU 1 F2 F2 F1	JUMP DEL ▶MAT MATH
Geben Sie zunächst den Befehl `Rref`(Kurzform für engl. Reduced row echelon form), der eine Matrix in die Gauß-Jordan-Form bringt, ein. Sie erreichen diesen Befehl über die OPTN-Taste und dann MAT ▷ Rref (F2 F6 F5).	OPTN F2 F6 F5	Rref Iden Dim Fill Ref Rref ▷
Nun gilt es direkt eine (3 × 4)-Matrix einzugeben, ohne diese unnötigerweise speichern zu müssen. Dazu verlassen Sie zunächst mit zwei mal EXIT das Option-Menü. Nun wählen Sie MATH MAT m×n (F4 F1 F3).	2 mal EXIT F4 F1 F3	Dimension m×n m :3 n :1 2×2 3×3 m×n
Hier geben Sie, wie geplant, die Werte 3 für m (Zeilen) und 4 für n (Spalten) ein und bestätigen jeweils mit EXE. Mit nochmaligem EXE sehen Sie eine leere (3 × 4)-Matrix.	3 EXE 4 EXE EXE	Rref [□ □ □ □; □ □ □ □; □ □ □ □] 2×2 3×3 m×n
Nun müssen hier nur die Koeffizienten (=Vorzahlen) der Gleichungen I bis III eingetragen werden. Beginnen wir mit der Gleichung I:	1 ▷ 2 ▷ 1 ▷ 2 ▷	Rref [1 2 1 2; □ □ □ □; □ □ □ □] 2×2 3×3 m×n

Lösen eines Gleichungssytems mit Rref

	Eingabe	Anzeige
Nun Gleichung II:	2 ▷ 1 ▷ 2 ▷ 1 ▷	Rref [1 2 1 2; 2 1 2 1; □ □ □ □] 2×2 3×3 m×n
und schließlich Gleichung III:	2 ▷ 2 ▷ 1 ▷ 1 ▷	Rref [1 2 1 2; 2 1 2 1; 2 2 1 1] 2×2 3×3 m×n
Mit EXE starten Sie die Berechnung!	EXE	Rref [1 2 1 2; 2 1 2 1; 2 2 1 1] [1 0 0 -1; 0 1 0 1; 0 0 1 1] □ 2×2 3×3 m×n
Sie sehen in den ersten drei Spalten eine Einheitsmatrix und in der vierten Spalte befinden sich die Lösungen des Gleichungssystems.		

Sie haben soeben ein lineares Gleichungssystem gelöst und die Ergebnisse -1; 1 und 1 erhalten.

b) Es gibt beliebig viele Lösungen

unterbestimmte Gleichungs-systeme

Beispiel:

(I)	3 x	-	1 y	+	2 z	=	7
(II)	1 x	+	2 y	+	3 z	=	14
(III)	1 x	-	5 y	-	4 z	=	-21

.

Lösen eines unterbestimmten Gleichungssystems

Lösen eines Gleichungssytems mit Rref

	Eingabe	Anzeige
Geben Sie zunächst wieder den Befehl **Rref** mithilfe der OPTN-Taste und dann MAT ▷ Rref (F2 F6 F5) ein.	OPTN F2 F6 F5	Rref [2 1 2 1; 2 2 1 1] [1 0 0 -1; 0 1 0 1; 0 0 1 1] Rref Iden Dim Fill Ref Rref ▷
Nun wieder eine (3 × 4)-Matrix eingeben: Mit zwei mal EXIT das Option-Menü verlassen und die Menüfolge MATH MAT m×n (F4 F1 F3) wählen.	2 mal EXIT F4 F1 F3	Dimension m×n m :3 n :4 Rref 2×2 3×3 m×n
Die Vorgaben sind richtig, bestätigen Sie mit EXE und geben Sie die Koeffizienten des Gleichungssystems ein.	EXE 3 ▷ (−) 1 ▷ 2 ▷ 7 ▷ 1 ▷ 2 ▷ 3 ▷ 1 4 ▷ 1 ▷ (−) 5 ▷ (−) 4 ▷ (−) 2 1 ▷	[1 0 0 -1; 0 1 0 1; 0 0 1 1] Rref [3 -1 2 7; 1 2 3 14; 1 -5 -4 -21] 2×2 3×3 m×n
Starten Sie die Berechnung mit EXE.	EXE	Rref [1 2 3 14; 1 -5 -4 -21] [1 0 1 4; 0 1 1 5; 0 0 0 0] 2×2 3×3 m×n
Sie sehen, dass die letzte Zeile nur aus Nullen besteht. Das Gleichungssystem besitzt keine eindeutige Lösung.		

Sie haben soeben ein lineares Gleichungssystem gelöst, das keine eindeutige Lösung hat.

unendlich viele Lösungen

Sie können sich nun entscheiden, einen Parameter zu wählen und dann eine Lösungsmenge anzugeben.

Wenn wir z als Parameter erhalten, ergibt sich aus der ersten Zeile:

I:	x	+ z	=	4	|-z
<=>	x		=	4 - z	

und aus der zweiten Zeile:

II:	y	+ z	=	5	|-z

<=> y = 5 - z

Somit haben wir folgende Lösungen gefunden:

𝕃 = { 4 - z ; 5 - z ; z }

Nun kann man für z jede beliebige Zahl einsetzen und das Gleichungssystem ist erfüllt.

widersprüchliches Gleichungssystem

c) Es gibt keine Lösung

Beispiel:

(I)	1 x	+	1 y	+	1 z	=	1
(II)	1 x	+	2 y	+	2 z	=	3
(III)	2 x	+	1 y	+	1 z	=	- 1

Lösen eines widersprüchlichen Gleichungssystems

Lösen eines Gleichungssystems mit Rref

	Eingabe	Anzeige
Geben Sie zunächst wieder den Befehl **Rref** mithilfe der OPTN-Taste und der Befehlsfolge MAT ▷ Rref (F2 F6 F5) ein.	OPTN F2 F6 F5	
Und nun wieder eine (3 × 4)-Matrix eingeben: Mit zwei mal EXIT das Option-Menü verlassen und MATH MAT m×n (F4 F1 F3) wählen.	2 mal EXIT F4 F1 F3	
Die Vorgaben sind wieder richtig, bestätigen Sie mit EXE und geben Sie die Koeffizienten des Gleichungssystems ein.	EXE 1 ▷ 1 ▷ 1 ▷ 1 ▷ 1 ▷ 2 ▷ 2 ▷ 3 ▷ 2 ▷ 1 ▷ 1 ▷ (−) 1 ▷	
Starten Sie die Berechnung mit EXE.	EXE	
Sie sehen, dass sich keine Gauß-Jordan Form mit eine Einheitsmatrix in den ersten drei Spalten ergeben hat. Das Gleichungssystem ist deshalb nicht lösbar.		

Sie haben soeben ein lineares Gleichungssystem eingegeben, dass keine Lösung hat.

Nachwort

Nun sind Sie am Ende dieses Buches angelangt und haben viele wichtige schulrelevante Funktionen des Taschenrechners kennen gelernt. Es ist klar, dass ich Ihnen bei einem solch komplexen Rechner nicht alle Funktionen zeigen kann. Aber wenn Sie an dieser Stelle angelangt sind, können Sie leicht Dinge selbst ausprobieren, weil Sie mittlerweile die Grundprinzipien der Taschenrechnerbedienung beherrschen. Es ist so ähnlich wie bei dem Versuch in Kapitel 10: Sie haben implizit gelernt. Und wenn Sie einmal wirklich nicht weiter wissen, können Sie auch in der mitgelieferten Anleitung nachschauen. Diese eignet sich zwar nicht zum kompletten Durchlesen, aber Sie können dort, wenn Sie die Suchfunktion ihres PDF-Readers benutzen, einige wichtige Hinweise finden.
Ich habe die Aufgaben so ausgewählt, dass Sie zusätzlich zur Taschenrechnerbedienung einige Grundbegriffe der Differenzial- und Integralrechnung erfahren und anhand von konkreten Beispielen anwenden konnten. Sie sehen, der Taschenrechner bietet nicht nur eine segensreiche Unterstützung beim „Rechnen", sondern ist auch ein hervorragendes Mittel, um Mathematik zu verstehen.
Und nun können Sie selbst aktiv werden: Nehmen Sie sich eine eigene Aufgabe aus der Schule oder aus einem Trainingsheft zur Hand und lösen Sie diese mit Ihrem Taschenrechner. Die Grundvoraussetzungen hierzu besitzen Sie!
Wenn Sie zwischendurch noch etwas nachschlagen möchten, aber nicht mehr genau wissen, auf welcher Seite es steht, vertrauen Sie dem in diesem Buch eingebauten Navigationssystem!

Navigationssystem

Das in diesem Buch eingebaute Navigationssystem ist fünfdimensional. Jede Dimension besteht aus einer Situation, in der Sie von dem Buch etwas erfahren möchten, aber nicht mehr genau wissen, wo es sich befindet. Das fünfdimensionale Navigationssystem zeigt Ihnen für jede dieser Situationen einen gangbaren Weg:

I. Wenn Sie sich noch an einen bestimmten Begriff erinnern, nutzen Sie den Index auf S. 153.
Anhand der Seitenzahlen finden Sie schnell die gewünschte Information.

II. Wenn Sie wissen, bei welcher Aufgabe Sie schon einmal von Ihrem Suchbegriff gelesen haben, benutzen Sie das Gesamtinhaltsverzeichnis und die jeweiligen Kapitelinhaltsverzeichnisse. Mithilfe der Seitenzahlen finden Sie sicher zum Ziel.

III. Wenn Sie nur nach einem Kapitel suchen, ohne die genaue Seitenzahl zu kennen, benutzen Sie den Eintrag auf der linken oberen Seite: Dort befindet sich die Angabe des Kapitels einschließlich der Kapitelnummer.

IV. Wenn Sie einfach nur stöbern wollen: Auf der rechten oberen Seite befindet sich immer eine schlagwortartige Zusammenfassung der vorliegenden Doppelseite.

V. Wenn Sie sich die Seiten etwas genauer ansehen möchten, habe ich auf den Seitenrändern einige wichtige Begriffe notiert. Dort ist übrigens noch recht viel Platz. Sie können diesen nutzen und dort Ihre eigenen Begriffe, Erkenntnisse oder Fragestellungen notieren. Auf diese Weise erstellen Sie sich ihr eigenes persönliches Navigationssystem!

INDEX

A

B

C

D

E

F

G

H

I

J

K

L

M

N

P

Q

R

S

T

U

V

W

X

Z